Umweltschocks und langfristige regionale Wirtschaftsentwicklung

Strukturwandel und Strukturpolitik

Herausgegeben von Prof. Dr. Wolfram Elsner

Schriftleitung: Dipl. Vw. Stefan Meyer

Band 3

PETER LANG

Frankfurt am Main · Berlin · Bern · Bruxelles · New York · Oxford · Wien

Thomas Knogge

Umweltschocks und langfristige regionale Wirtschaftsentwicklung

Eine integrative Analyse regionalökonomischer Folgen des globalen Klimawandels

Mit dem Fallbeispiel der nordwestdeutschen Küstenregion

PETER LANG
Europäischer Verlag der Wissenschaften

Die Deutsche Bibliothek - CIP-Einheitsaufnahme

Knogge, Thomas :

Umweltschocks und langfristige regionale Wirtschaftsentwicklung : eine integrative Analyse regionalökonomischer Folgen des globalen Klimawandels ; mit dem Fallbeispiel der nordwestdeutschen Küstenregion / Thomas Knogge. - Frankfurt am Main ; Berlin ; Bern ; Bruxelles ; New York ; Oxford ; Wien : Lang, 2002
(Strukturwandel und Strukturpolitik ; Bd. 3)
Zugl.: Bremen, Univ., Diss., 2001
ISBN 3-631-39168-4

D 46
ISSN 1438-2644
ISBN 3-631-39168-4

www.peterlang.de

Zur Reihe „Strukturwandel und Strukturpolitik“

„Strukturwandel“, vor allem „globaler“ Strukturwandel ist in aller Munde. Er ist in der Tat das wichtigste Phänomen, in dem sich die *Dynamik* des Wirtschaftens äussert und das dem Wachstum der Wirtschaft zugrunde liegt. Auch Wirtschaftspolitik ist seit mehr als zwei Jahrzehnten weit eher „Strukturpolitik“ (im weitesten Sinne, also institutionelle Strukturen eingeschlossen) als „Globalsteuerung“.

Statisch-statistisch gesehen haben Struktur und Strukturwandel mit ökonomischen Phänomenen *auf „mittlerer“ Aggregationsebene* und ihrem Wandel zu tun: Sektoren, Branchen, sektorale Cluster, Kooperationen und Netzwerke, ferner Regionen, regionale Cluster und Netzwerke sowie schließlich Betriebsgrößenklassen (wie z. B. der „Mittelstand“ oder Kleinstunternehmen und Existenzgründer). Diese strukturelle Dimension der Wirtschaft beschreibt also zugleich das moderne Feld der *Meso-Ökonomik.* Zur Strukturpolitik zählen dementsprechend die *sektorale* Strukturpolitik (industrial policy), die heutzutage auch *cluster- und netzwerkorientiert* ist, einschließlich der Technologiepolitik, die *regionale* Strukturpolitik, einschließlich der Humankapitalförderung i. w. S., sowie die *Mittelstands- und Existenzgründungsförderpolitik.*

Dynamisch und *ökonomisch-theoretisch* betrachtet haben Strukturwandel und Strukturpolitik etwas mit unmittelbaren (d.h. nicht nur indirekten, preisvermittelten) *Interaktionen* von Akteuren zu tun. Diese finden i. d. R. in komplexen und mit Unsicherheit behafteten Entscheidungssituationen statt und induzieren Prozesse, deren Ergebnisse nicht nur in Mengen und Preisen beschreibbar sind. Solche Interaktionen verlangen vielfältige *Koordinierungs- und Kooperationsleistungen* von den Akteuren einschließlich der öffentlichen Akteure. Diese Leistungen wiederum lassen sich nach aller Erfahrung und theoretisch erhärtet vor allem in *„mittelgroßen“ Gruppen* effektiv erbringen. Dort finden *soziale Lernprozesse* relativ leicht statt, und private Akteure können in ihrem Rahmen im evolutionären Prozeß *soziale Institutionen* der Koordination und Kooperation herausbilden. Netzwerke, als fortgeschrittene Kooperationsformen, bewirken dann nach empirischen Erkenntnissen erhebliche Effizienzsteigerungen, z.B. oft erhebliche Beschleunigungen von Innovationsprozessen zwischen kleinen und mittleren Unternehmen. Solche Prozesse sind jedoch zugleich – sowohl in der sozialökonomischen Realität wie in sozialen Experimenten, erhärtet durch theoretische Forschung – wenn nicht *blockiert,* so doch anhaltend *fragil* und/oder sehr *zeitaufwendig.*

Die Koordinations- und Kooperationsleistungen der privaten Akteure lassen sich dann *initiieren, stabilisieren* und/oder *beschleunigen* durch eine moderne Wirtschafts(struktur)politik, die die Anreize, Motive und Leistungen der Privaten nicht (etwa im Sinne der traditionellen Kollektivguttheorie) ersetzt, sondern sich wiederum interaktiv mit diesen koordiniert, um die Privaten zu Beiträgen im eigenen, aber auch im strukturpolitischen Interesse zu motivieren. Zu dem damit angedeuteten Paradigma einer *„interaktiven"* (und damit zugleich „schlankeren") *Wirtschafts- und Strukturpolitik* soll diese Buchreihe ebenfalls Beiträge liefern.

Insgesamt soll mit dieser Reihe der Anspruch verfolgt werden, eine moderne und anwendungsorientierte *Meso-Ökonomik* zu repräsentieren. Diese soll die vielfältigen Insuffizienzen reiner Mikro- und reiner Makro-Ökonomik und die vielfältigen, meist unbeabsichtigten (wenngleich oft systematischen) strukturellen Effekte von mikro- und makroökonomischen Vorgängen und von mikro- und makropolitischem Handeln aufdecken und schließlich die Probleme durch adäquate privat-private und privat-öffentliche Interaktionsstrukturen einer Lösung näherbringen.

Wolfram Elsner

Vorwort des Herausgebers

Gegenstand der vorliegenden Arbeit ist die Analyse langfristiger regionalökonomischer Folgen „exogener“ Schocks aus der natürlichen Umwelt am Beispiel der Folgen des globalen Klimawandels. Die Arbeit wurde erstellt im Rahmen des ökonomischen Projekts des BMBF-geförderten Projektverbundes „Klimawandel und Unterweserregion - KLIMU“.

Die Relevanz des Themas ergibt sich aus der hohen Priorität, die die internationalen interdisziplinären Fachgremien zur Analyse des globalen Klimawandels (v.a. das IPCC) und - aufgrund deren Empfehlungen - die meisten nationalen Regierungen in den letzten Jahren der *sozio-ökonomischen* Klimafolgenforschung und der *regionsspezifischen* Anwendung der *Klimafolgenforschung* beimessen. Es sei exemplarisch auf die globale Klimaprognose des IPCC vom Januar 2001 und die daran anknüpfenden Schlußfolgerungen des IPCC verwiesen, die eine große öffentliche Resonanz erfahren haben. Ferner sei beispielsweise verwiesen auf die aufwendigen Untersuchungen, die große Versicherungen unternehmen, um künftige klimabedingte Schadensformen und -wahrscheinlichkeiten zu ermitteln.

Hinsichtlich der *regionalen* Operationalisierungen von Klima(folgen)analysen sind spezifische, vulnerable Regionen vorrangig ins Auge gefaßt worden. Hierzu gehören *Küsten-* und insbesondere *Ästuarregionen.* Die Anwendung auf die nordwestdeutsche Unterweserregion entspricht dieser internationalen wissenschaftlichen und nationalen politischen Prioritätensetzung.

Dabei werden - der außerordentlichen *Neuartigkeit, Komplexität* und *Unsicherheit,* mit der diese Problematik verbunden ist, entsprechend - *transdisziplinäre* und *methodisch innovative* Ansätze eingefordert.

Die vorliegende Arbeit steht also in einem aktuellen und internationalen wissenschaftlichen und zugleich staatlich-politischen Kontext, der ihre hohe Relevanz charakterisiert.

Es versteht sich von selbst, daß die Arbeit - wiederum sowohl analytisch (dabei wiederum transdisziplinär) als auch politisch - in engem Kontext auch mit Zielen, Leitbildern, Wirkungszusammenhängen und Strategien der *nachhaltigen* Entwicklung und der langfristigen, prophylaktischen und proaktiven *Regional*politik steht.

Die Herausforderungen der Problematik für die ökonomische Analyse sind damit so vielfältig, daß die ökonomische Disziplin sich diesem Problemfeld nur mit äußerster Zurückhaltung nähert. Neben den *ökologischen Ökonomen* i.w.S. (D. Meadows et. al., R. K. Turner, H. Daly u.a.) haben sich nur wenige namhafte Ökonomen (hier wäre v.a. William D. Nordhaus zu nennen) des Themas angenommen. Die ökonomische Problematik ist mit folgenden Merkmalen bzw. Anforderungen zu beschreiben:

- *Längstfristprognosen* (bis 2050)
- *Regionalisierung ökonometrischer Modelle*
- *Transdisziplinarität*, d.h. Übersetzung von (*natur- und ingenieurwissenschaftlich* definierten) Klimaimpulsen in ökonomische Impulse sowie Integration langfristiger *sozialer Dynamik* in ökonometrische Modelle zwecks Erstellung von Längstfristprognosen
- Umgang mit *Unsicherheit* und (daher) mit Entwicklungs*szenarien*
- Integration von *Expertenurteilen* und alternativen *Akteursstrategien* sowie schließlich
- Erarbeitung einer *integrativen* Gesamtmethodik, die zudem für die Analyse der Folgen jedweder „exogener“ Umweltschocks *verallgemeinerbar* ist.

Die vorliegende Arbeit hat diese komplexe Herausforderung auf hochinnovative Weise angenommen und bewältigt.

Sie arbeitet dabei die folgenden (methodischen) *Defizitbereiche* des gegenwärtigen Standes der ökonomischen Klimafolgenforschung heraus:

- keine *explizite* modelltheoretische (ökonometrische) *Regionalisierung*
- keine systematische Analyse von Impulsen auf *Bestandsgrößen* (Kapitalstockschäden) *und* auf *Stromgrößen* (Veränderungen von Wertschöpfung, Sozialprodukt, Beschäftigung)
- keine „Veredelung“ der Prognosemodelle für die Längstfrist, insbesondere durch Einbeziehung des langfristigen *sozialen Strukturwandels*
- keine Berücksichtigung *sektorspezifischer* Betroffenheiten, also keine *sektorale Disaggregation* der Modelle.

Ökonomische Studien haben z.B. auch bisher überwiegend mit *einfachen Höhenlinien* (ohne Berücksichtigung von Deichanlagen und Deichversagenssimulationen) gearbeitet und sich auf Bestandsschäden konzentriert, sind also kaum in den ökonomischen Kern von *Sozialprodukts- und Beschäftigungswirkungen* vorgedrungen.

Das bekannte methodische Arsenal wird im vorliegenden Band v.a. erweitert durch

- die Verwendung und Weiterentwicklung eines *regionalisierten ökonometrischen* (Erklärungs-)Modells
- die Integration von *Reaktions- und Anpassungsverhalten* privater und öffentlicher regionaler *Akteure*
- die offensive Entwicklung von Methoden der Öffnung der *ökonomischen Analyse* für *natur- und ingenieurwissenschaftliche* Ergebnisse einerseits und Ergebnisse *soziologischer* Zukunftsstudien andererseits.

Die Studie stellt im weiteren die wesentlichen neuen methodischen Elemente, die hier entwickelt und verwendet werden, vor:

(1) das *regionalisierte* und *sektoralisierte ökonometrische Modell brECOmod estuary* für die Region Bremen und den Unterweserraum
(2) die Nutzung *alternativer Entwicklungspfade* (Szenarien)
(3) *transdisziplinäre Transfermatrizen*
(4) die *sektorale Disaggregation* des Modells und das *sektorale Clustering klimasensitiver Bereiche* (in sektoraler und kleinräumlicher Hinsicht) als das „Einfallstor" exogener Impulse in das ökonometrische Modell sowie
(5) die *Integration sektoralisierter Befragungsdaten* über *Betroffenheiten* und *Reaktionsstrategien.*

In der vorliegenden Studie ist eine exemplarische, komplette, integrierte Anwendung aller dieser innovativen Elemente in einer komplexen angewandten Analyse gelungen.

Eine *regionalisierte Klimaprognose* wird anhand folgender Indikatoren bzw. Impulse beschrieben:

- Niederschlagsmengen und ihre jahreszeitliche Verteilung
- Windstärken und -verteilung
- Meeresspiegelanstieg
- Tidenveränderung
- Wassertemperatur und Strömungsverhalten der Weser

und ein *Screening der ökonomischen Schadensarten* wird vorgenommen.

Der *Cluster*-Ansatz wird sodann für ein (klein)*räumlich* definiertes Cluster mit flächenbezogenen Schadensarten durchgeführt. Für eine konkrete Stadtgemeinde wurden eine Deichversagenswahrscheinlichkeit und eine Überflutungssimulation Flächen- und Schadensarten-bezogen in Auftrag gegeben und ausgewertet und sektoral disaggregierte Bestandsschädigungen sowie damit verbundene Stromgrößeneinbußen (Wertschöpfungsentgänge) berechnet. Schon diese Analyse allein dürfte wegen der Simulation „mit Deich" bereits einen erheblichen Wert im Rahmen des state of the art besitzen.

Der *sektoral* definierte Cluster-Ansatz dagegen nutzt Experten- und Akteursbefragungen, in denen das regionalisierte Klimaszenario in aufbereiteter Form Vertretern einer Branchenauswahl vorgelegt wurde, um Schädigungen in den Bereichen *„Kapitalbestand"* und *„Produktion"* (Wertschöpfung) sowie Reaktionen im Bereich der *Investitionen* zu ermitteln. Die Ergebnisse, obwohl nicht mit Repräsentativitätsanspruch zu versehen, erschließen Neuland, insofern sie erstmals Anhaltspunkte für Schädigungen und Schädigungsbereiche in verschiedenen Branchen ermitteln.

Die klimabedingten ökonomischen Schadensimpulse aus den räumlichen und sektoralen Ansätzen werden im weiteren in das ökonometrische Modell integriert, um langfristige ökonomische Folgen bei Sozialprodukt und Beschäftigung simulieren zu können. Dabei sind auch das regionalisierte ökonometrische Modell, seine Kalibrierung und seine ex-post-Prognosegüte vorzustellen. Sodann wird die mögliche *Spannbreite ökonomischer Längstfristentwicklungen* anhand *alternativer Entwicklungspfade* dargelegt. Diese finden Eingang in das ökonometrische Modell über *alternative Spezifizierungen der exogenen Variablen.* Dafür wiederum wurden eine im Rahmen des KLIMU-Projekts in Auftrag gegebene Studie der Fa. *Prognos* AG und Studien aus der soziologischen Zukunftsforschung ausgewertet und integrierbar gemacht. Die Prognos-Studie (auf Basis des Prognos-Deutschland-Reports Nr. 2 aus dem Jahre 2000) liefert Kriterien für regionalisierte Vorgaben für die exogenen Variablen des regionalen Modells bis zum Jahr 2040, und zwar für ein „Basis-Szenario" und ein („negativeres") *„Kontrast"*-Szenario, welches eine gegenüber dem Basis-Szenario mögliche ungünstigere Entwicklung entwirft. Die Simulationen des regionalen BIP-Verlaufs 2000-2040 werden zunächst nach „Basis"- und „Kontrast"-Modell differenziert gezeigt.

Einen weiteren innovativen Baustein liefert auch die Aufbereitung der soziologischen Zukunftsstudien für die Integrierbarkeit in das ökonometrische Modell. Qualitative Aussagen der internationalen soziologischen Längstfrist- und Zukunftsprognosen-Literatur werden in nachvollziehbaren Verarbeitungsschritten bereichs- und indikatorbezogen operationalisiert, mithilfe der Technik der Transfermatrizen den exogenen Variablen des ökonometrischen Modells zugeordnet und schließlich mithilfe von Expertenurteilen quantifiziert. Die

Simulationsrechnungen für ein „positives“ Nachhaltigkeits-Szenario ergänzen die beiden o.g. Entwicklungspfade um einen dritten und lassen eine Spannbreite der Entwicklung von mehr als 30 % des BIP für das Jahr 2040 entstehen. Sensitivitätsprüfungen für eine Reihe exogener Variablen lassen die getroffenen Festlegungen der exogenen Variablen - gemessen an den BIP-Verläufen - als gut begründbar erscheinen.

Als weiterer innovativer Baustein wird die Anpassung der sektoralen Disaggregation aus der Impuls-Ermittlung (s.o.) auf die - statistisch bedingt - abweichende Disaggregation des ökonometrischen Modells vorgenommen.

Die wertschöpfungsbezogenen Klimaimpulse werden schließlich als Impulsverläufe über den Zeitraum 2000-2040 operationalisiert und in das ökonometrische Modell eingespeist und nach Entwicklungspfaden differenziert angewiesen.

Dies geschieht schließlich auch noch in Kombination mit den *für die Gesamtregion verallgemeinerten Ergebnissen der kleinräumlichen bestandsorientierten Schadensrechnungen* (s.o.), so daß insgesamt Entwicklungspfad-bezogene Simulationen mit kombinierten Strömungs- und Bestandsgrößen-bezogenen Impulsen und Wirkungen vorgelegt werden können. Die *Impulse* in Gestalt von *Kapitalstockverlusten* aufgrund von Deichversagens-Ereignissen und Überschwemmungen (datiert auf das Jahr 2030) sowie von Wertschöpfungsverlusten von 2000 bis 2040 werden abschließend ebenso dokumentiert wie die Wirkungen für *Beschäftigung* und *BIP*. Während die Entwicklungspfade eine Spannbreite von ca. 30 % des BIP (für das Jahr 2040) aufgefächert haben, bewegen sich die *kumulierten Klimafolgen* bis zum Jahr 2040 etwa bei *5 % BIP-Verlusten.* Dies gilt in der Fachdiskussion in der Tat bereits als oberer Grenzwert des gesellschaftspolitisch Verkraftbaren und wird vom Wissenschaftlichen Beirat der Bundesregierung für globale Umweltveränderungen bereits als *empfindliche Störung des zivilisatorischen Systems* angesehen.

Die Studie liefert ergänzend noch Berechnungen für die Entwicklung der Wirtschaftsbereiche (auf Basis von fünf Wirtschaftsbereichen des Modells), also eine gesonderte *Strukturprognose 2040* als Ergebnis der Klimaimpulse für die bereits gezeigten BIP- bzw. Beschäftigungsentwicklungen (wiederum getrennt nach Entwicklungspfaden).
Ferner untersucht sie abschließend *öffentliche* proaktive *Handlungsstrategien*, kombiniert sie mit den privaten proaktiven *Investitionsstrategien* der Unternehmensakteure, die in der sektoralen Befragung der ökonomischen Akteure (s.o.) mit ermittelt wurden, und liefert so eine Simulation (nur für das

Basis-Szenario) für die Wirkungen der kombinierten privaten und öffentlichen proaktiven Strategien. Generell kann dadurch gezeigt werden, daß zumindest der ursprüngliche Entwicklungspfad von BIP und Beschäftigung durch proaktive Anstrengungen öffentlicher und privater Akteure wieder erreicht (bzw. gehalten) werden kann, die negativen Wirkungen des Klimawandels diesbezüglich also (vorläufig) grundsätzlich kompensiert werden können.

Mit der vorliegenden Studie ist es somit hervorragend gelungen, nicht nur ein großes Spektrum an innovativen methodischen Elementen zu entwickeln sondern diese auch exemplarisch anzuwenden. Damit ist es auch gelungen, ein außerordentlich hohes Maß an Komplexität zu bewältigen, Unsicherheit durch Transparenz der Bewertungen (Setzungen und Simulationsergebnisse) zu reduzieren sowie eine wissenschaftlich verallgemeinerbare Methodik für künftige anwendungsorientierte Analysen und politisch hochrelevantes Handlungswissen für den politischen Beratungsprozeß bereitzustellen.

Bremen, November 2001
Wolfram Elsner

Inhalt

Verzeichnis der Abbildungen und Tabellen

1 Problemstellung: Globaler Klimawandel und Region – Komplexität der Zusammenhänge

1.1 Gegenstand und theoretischer Rahmen, Hypothese

Phänomene, die nicht mehr räumlich eingrenzbar sind, sondern durch ihr systemisches Verhalten direkt oder durch ihre kumulativen Wirkungen indirekt von globaler Natur sind, machen den globalen Wandel aus.[1] Die Änderungen finden zumeist in einem komplexen Wirkungsgefüge und auf einem hohen Aggregationsniveau statt. Der zeitliche Wirkungsrahmen wird dabei deutlich ausgedehnt. Das Wissen über die Zusammenhänge solcher Phänomene ist im allgemeinen mit hohen Unsicherheiten behaftet, wobei zudem die Relevanz des Wissens über mögliche Folgen immer deutlicher wird.

Diese Problematik stellt hohe Anforderungen an die menschliche Wahrnehmungs- und Verarbeitungskapazität. Das letzte Gutachten des Wissenschaftlichen Beirats der Bundesregierung für globale Umweltveränderungen fordert deshalb auch ein Frühwarnsystem risikoreicher Entwicklungen. [2] Der Beirat definiert als Kernprobleme des globalen Wandels: [3]

in der Anthroposphäre:
- Bevölkerungsentwicklung und Migration,
- Gesundheitsgefährdung,
- Gefährdung der Ernährungssicherheit,
- Wachsende globale Entwicklungsdisparitäten,
- Ausbreitung nichtnachhaltiger Lebensstile;

in der Natursphäre:
- Klimawandel,
- Verlust von biologischer Vielfalt,
- Bodendegradation,
- Süßwasserverknappung und –verschmutzung,
- Verschmutzung der Weltmeere,
- vom Menschen verursachte Naturkatastrophen.

Diese Kernprobleme erfordern eine globale Umwelt- und Entwicklungspolitik, die sich am Leitbild der „nachhaltigen Entwicklung" orientiert und damit

---

[1] Reusswig, 1998, S.1ff.
[2] vgl. WBGU, 2001, S. 179ff.
[3] vgl. WBGU, 1999, S. 51

sowohl die Bedürfnisbefriedigung heutiger Generationen ermöglicht, als auch die Lebensgrundlage für künftige Generationen sichert.[4]

Eine solche Politik benötigt Kenntnisse über mögliche zukünftige Folgen der Phänomene und der Wahrscheinlichkeit ihres Eintreffens, aber auch eine Abschätzung ihrer Bedeutung, d.h. des Grades der Tolerierbarkeit, denn risikoreiche Nebenwirkungen bilden einen unvermeidbaren Bestandteil menschlichen Handelns. Nach Einschätzung der Ursache-Wirkungs-Beziehungen, der Eintrittswahrscheinlichkeit und des Schadenspotentials, lassen sich verschiedene Risikotypen unterscheiden.[5] Der schleichende anthropogene Klimawandel, der in vulnerablen Räumen wie Küsten-, Ästuar- und Gebirgsregionen schwere Schäden auslösen kann, wird z.B. dem Risikotyp Kassandra[6] zugeordnet: die Wahrscheinlichkeit des Eintreffens ist „eher hoch" und das Schadenspotential wird ebenso als „eher hoch" eingestuft. Daß trotzdem in der Gegenwart kaum Betroffenheit für das Problem entsteht, hängt mit der verzögerten Wirkung zwischen auslösendem Ereignis und dem Eintreten der Schäden zusammen.

Als Strategie wird für diesen Risikotyp vorgeschlagen, die langfristige Verantwortung gegenüber künftigen Generationen zu stärken, insbesondere durch Selbstverpflichtungen der Staaten und wichtiger Akteure, aber auch das Risikopotential durch die Entwicklung von Alternativen zu mindern.

Zum Themenbereich Klimaforschung sind die reine Klimasystemforschung, die Abschätzung der direkten und indirekten Folgen sowie die ökonomische Vermeidungskostenanalyse zu zählen. Die Forschung im Bereich der Folgen stellt dabei das schwächste Glied in der Argumentationskette der Klimaforschung dar.[7] Hier wird Bedarf an integrierten Modellierungen überschaubarer Regionen gesehen.

Die vorliegende Arbeit greift diese Forschungslücke auf und formuliert einen neuen methodischen Ansatz: Sie basiert auf der *These, daß die Analyse regionalökonomischer Folgen des globalen Klimawandels mit dessen spezifischen Eigenschaften in seiner Wirkung auf die langfristige regionale Wirtschaftsentwicklung ein integratives und transdisziplinär angelegtes methodisches Konzept erfordert.*

---

[4] vgl. zum wirtschaftstheoretischen Hintergrund des Konzepts Knogge, 1998
[5] vgl. WBGU, 1999, S. 58ff.
[6] Die trojanische Seherin Kassandra sah die Gefahr eines Sieges der Griechen voraus, wurde jedoch von ihren Landsleuten nicht ernst genommen.
[7] vgl. WBGU, 1996, S. 121

Der Klimawandel wird in dieser Arbeit als ein exogener Schock auf die wirtschaftliche Entwicklung einer Region verstanden, also als ein autonomer Impuls, der nicht durch die sozioökonomischen Aktivitäten der Region selbst hervorgerufen wurde, sondern von außen an sie herangetragen wird. Dabei spielt es eine untergeordnete Rolle, in welchem Zeitraum diese Vorgänge erfolgen: Selbst wenn das sozioökonomische System genug Zeit für eine Anpassung hat, kann ein solcher Einfluß als Schock bezeichnet werden. Allgemein können als exogene Schocks auch natürliche Ereignisse wie etwa Sturmfluten oder die Folgen des Ozonloches zählen sowie sozioökonomische Einflüsse z. B. in Form eines umwälzenden Strukturwandels auf den Weltmärkten.

Gemeinsam ist diesen exogenen Schocks, daß sie von außen auf einen bestehenden wirtschaftlichen Pfad und auf die Struktur einer Region treffen und diese dauerhaft verändern. Bei natürlichen Vorgängen sind zunächst die Folgen für den Naturraum zu identifizieren und die Wirkungsverflechtungen des Naturraumes mit dem sozioökonomischen System zu ermitteln. Die Wirkungen der Veränderung des Naturraumes können dann in die Veränderung sozioökonomischer Größen übersetzt werden. Wenn dies gelingt, kann eine Analyse ähnlich der sozioökonomischen Wirkungsanalysen durchgeführt werden: Dazu müssen die regionalen Wirtschaftsbereiche in ihrer sektoralen und ggf. kleinräumlichen Gliederung identifiziert und direkte Folgen unter Einbezug des Verhaltens der regionalen Akteure ermittelt werden. Folgewirkungen auf ökonomische Größen wie Einkommen und Beschäftigung können dann z.B. mit einem sektoral disaggregierten regionalen ökonometrischen Modell simuliert werden.

Insgesamt kennzeichnet dieses Vorgehen damit ein integratives Verfahren - d.h. es integriert verschiedene Disziplinen, verschiedene methodische Elemente, verschiedene wirtschaftliche Sektoren und Strategien regionaler Akteure - und ein transdisziplinär angelegtes methodisches Konzept - d.h. es benötigt nach einer überdisziplinären Problemdefintion monodisziplinäre Wirkungsanalysen für den Naturraum und das sozioökonomische System, um für eine Lösung diese dann wieder auf einer überdisziplinären Ebene miteinander zu verbinden.

Als Fallbeispiel dieser Arbeit wird der globale Klimawandel als exogener Einfluß mit seinen ökonomischen Auswirkungen für die Unterweserregion[8] herangezogen. Sicherlich trägt auch dieses Gebiet zu einem Klimawandel bei, für diese empirisch ausgerichtete Analyse einer Region in der Größe des Unter-

[8] Die Unterweserregion ist eine Küsten- und Ästuarregion Nordwestdeutschlands.

weserraumes soll jedoch der Einfluß der sozioökonomischen Aktivitäten auf das globale Klima nicht berücksichtigt werden.

Die Auswahl des Fallbeispiels begründet sich aus der Mitarbeit des Verfassers am Projekt „Ökonomische Folgen eines Klimawandels in der Unterweserregion", als Teil der regionalen, interdisziplinär ausgerichteten Fallstudie „Klimaänderung und Unterweserregion (KLIMU)"[9] (s. auch 2.5.2). Innerhalb des Projekts wurde das regionalökonometrische Modell *brECOmod estuary* entwickelt sowie seine Anpassung an das räumliche und sektorale Cluster vorgenommen. Weiterhin sind im Projekt die Indikatoren zur Beschreibung der sozialen Dynamik erarbeitet und ihre Wirkungen auf ausgesuchte Variablen des Modells quantifiziert worden.

In dieser Arbeit werden die Ergebnisse zusammengeführt, um verschiedene mögliche Entwicklungspfade für die Region aufzufächern. Das Modell wird nochmals erweitert (Integration des investierenden Clusters) und für weitergehende Untersuchungen verwendet. Diese beziehen sich auf die Analyse eines Überflutungsszenarios, auf die Analyse der Befragungsergebnisse und auf Finanzierungsaspekte. In dieser Arbeit wird weiterhin der Beitrag des regionalen Strukturwandels zur Klimasensitivität der Region untersucht. Somit baut diese Arbeit auf Ergebnissen des Projekts auf, führt die Einzelergebnisse aber zu einem integrativen Instrumentarium zusammen, welches dann auch für intensivere Analysen verwendet wird.

1.2 Die Relevanz des Themas

Die Relevanz des Themas leitet sich einerseits aus der Notwendigkeit einer vorsorgenden Regionalpolitik bezüglich der Möglichkeit bedeutender Wirkungen von exogenen Umwelteinflüssen ab, verbunden mit der Nachfrage nach geeigneten Modellen zur Verbindung ökologischer Faktoren mit ökonomischen Wirkungen. Andererseits ist in der Problemstellung der Arbeit auch die Herausforderung von Längstfristprognosen der wirtschaftlichen Entwicklung einer Region enthalten. Die erforderliche regionalisierte und sektoral disaggregierte Analyseebene sowie die Einbeziehung von Handlungen und Bewertungen regionaler Akteure sind zudem als eigene methodische Herausforderungen zu nennen.

[9] Dieses Vorhaben war innerhalb des Programms "Klimaänderung und Küste" des BMBF (Bundesministerium für Bildung, Wissenschaft, Forschung und Technologie) angesiedelt und wurde zusätzlich vom Land Bremen gefördert.

Statistiken der Münchener Rückversicherungs-Gesellschaft über Schadensbelastungen durch Katastrophen zeigen deutlich, daß geologische Schadensereignisse (Erdbeben, Vulkanausbrüche) über die Jahre 1988 bis 1997 fast gleichverteilt sind, während die klimabedingten Katastrophen (Sturm, Überschwemmung, Kältewellen, Erdrutsch, Dürre, Waldbrände) eine leichte Zunahme aufweisen[10]. Um auf irreversible Folgen und auf potentielle Entwicklungen des globalen Klimas vorbereitet zu sein und um entsprechend prophylaktisch agieren zu können, ist eine frühzeitige Betrachtung der möglichen Folgewirkungen erforderlich. Dabei ist zu beachten, daß sich der globale Klimawandel auf verschiedenen Ebenen auswirkt: Für eine vorsorgende Wirtschafts- und Strukturpolitik sind zum einen die langfristigen Änderungen der Klimaindikatoren wie Temperatur und Windstärke zu berücksichtigen, zum anderen sollte sie sich auf die steigende Häufigkeit von kurzfristigen Extremereignissen wie Stürmen und speziell für die Küstengebiete von Sturmfluten und Überschwemmungen vorbereiten.

Die globale Klimaänderung wird sich nur zum Teil schleichend einstellen, ebenso sind Sprünge in Bereichen vorstellbar, in denen die Anpassungsfähigkeit des Natursystems nicht ausreicht. Dies bedeutet für eine planende, langfristig ausgerichtete Wirtschafts- und Strukturpolitik eine Unsicherheit über die sich in der Zukunft einstellenden Auswirkungen, zumal regionale Akteure im allgemeinen über kein gesichertes Wissen hinsichtlich der langfristigen wirtschaftlichen Entwicklung der eigenen Region verfügen. Daher liegt eine besondere Herausforderung in der langfristigen Betrachtung der wirtschaftlichen Entwicklung einer Region.

Bei der vorliegenden Arbeit liegt die Herausforderung somit in der Kombination einer prognostizierten längstfristigen wirtschaftlichen Entwicklung einer Region mit den unsicheren Aussagen über den globalen Klimawandel, der hier als exogener Schock für die regionale Wirtschaft verstanden wird.

Allein schon die beträchtliche Variabilität eines *ungestörten* Klimasystems und die damit verbundenen Unsicherheiten begründen das Erfordernis eines gründlichen Verständnisses potentieller Klimawirkungen.[11] Da wir mittlerweile aber von einem *gestörten* Klimasystem auszugehen haben, ist dieses Erfordernis um so mehr begründet.

---

[10] vgl. Münchener Rückversicherungs-Gesellschaft, 1997, S. 10
[11] vgl. Stock und Tóth, 1996, S. 12

1.3 Aufbau der Arbeit

Nach grundsätzlichen Bemerkungen zum Klimawandel und zur Klima(folgen)forschung werden die Methoden ökonomischer Klimafolgenbewertung in der internationalen Literatur und Methoden zur regionalen ökonomischen Klimafolgenbewertung in Deutschland vorgestellt. Aus dieser Analyse ergeben sich Defizite bisheriger und damit Anforderungen an künftige regionale ökonomische Klimafolgenforschung. Als Beispiele für einen integrativen Ansatz in der ökonomischen Klimafolgenforschung dienen die amerikanische Studie "MINK" sowie die deutsche Studie "KLIMU", aus denen sich die Vorzüge einer interdisziplinären, integrativen Methode für die ökonomische Klimafolgenforschung ableiten lassen.

Ausgehend von diesen Vergleichsanalysen werden Anforderungen an ein geeignetes Instrumentarium zur ökonomischen Analyse des Klimawandels definiert, welches für eine vorsorgende Regionalpolitik bestimmt ist. Notwendige methodische Elemente stellen folgende Module dar: Die Szenariotechnik im Umgang mit der Unsicherheit von Prognosen exogener (Umwelt-)Einflüsse, Entwicklungspfade im Umgang mit der Unsicherheit von Prognosen sozioökonomischer Entwicklungen sowie Simulationen der langfristigen Strukturentwicklung mit einem regional ökonometrischen Modell, die Integration regionaler Akteure vor allem durch Expertenbefragungen und die Übersetzung der exogenen Impulse aus der Umwelt in ökonomisch relevante Impulse mithilfe von Transfermatrizen als heuristisches Instrumentarium sowie die Identifikation der sensitiven Wirtschaftsbereiche mithilfe eines Clusterverfahrens. Als Schnittmenge ergibt sich nunmehr der Rahmen für ein integratives transdiziplinäres methodisches Konzept zur Behandlung exogener Einflüsse auf die langfristige Strukturentwicklung einer Region.

Die bisher entwickelten Vorstellungen einer modularen Methodik werden in einem Fallbeispiel konkretisiert und durchgehend angewendet. Als Anwendungsgebiet wird die nordwestdeutsche Küstenregion gewählt. Ziel der Analyse ist es, die ökonomischen Folgen eines globalen Klimawandels für die wirtschaftliche Struktur der Küstenregion zu identifizieren und Handlungsoptionen der lokalen Akteure zu bewerten. *Abbildung 1* illustriert den Ablauf der Analyse und zeigt überblicksartig die Konzeption der Schnittstellen von ökologischen, sozialen und ökonomischen Dimensionen. Dieses Bild wird im Laufe der Arbeit in vier Schritten entwickelt, um die Beiträge der einzelnen Kapitel zum Gesamtziel der Arbeit zu verdeutlichen.

Zunächst werden Besonderheiten des Anwendungsgebiets Unterweserregion und ein Überblick zur regionalen Wirtschaftsstruktur diskutiert. Dazu wird die

Bedeutung der Küstenzone in einer ökonomischen Status-quo Analyse vorgestellt. Die langfristige Strukturentwicklung der Region wird mithilfe eines regionalökonometrischen Modells (*brECOmod estuary*) vorgenommen. Zur langfristigen Betrachtung der sozioökonomischen Entwicklung werden mögliche regionale Entwicklungspfade für die Unterweserregion identifiziert und mit dem regional-ökonometrischen Modell gekoppelt, so daß ein um die soziale Komponente „veredeltes" ökonomisches Regionalmodell zur Verfügung steht.

Um die relevanten Beziehungsgeflechte zwischen Klimawandel und Wirtschaftsstruktur der Unterweserregion zu identifizieren, werden klimasensitive Wirtschaftsbereiche in ein räumliches und in ein sektorales Cluster zusammengefaßt. Ausgehend von einem Szenario eines regionalen Klimawandels und seiner Folgen für das natürliche System in der Region werden Ergebnisse von Expertengesprächen vorgestellt, die vorhandene Wirkungsketten aufdecken und Folgen für das Vermögen und für die Produktion sowie nötige Investitionsentscheidungen quantifizieren. Die Übersetzung von Klimaimpulsen in ökonomisch relevante Impulse und ihr Verschneiden mit dem ökonometrischen Modell erfolgt mithilfe der Transfermatrizen, welche als heuristisches Instrumentarium genutzt werden. Die direkten Wirkungen eines Klimawandels auf die ökonomische Struktur der Unterweserregion werden in räumliche und sektorale Folgen unterschieden und bezüglich der Variablen Kapitalbestand, Wertschöpfung und Investition quantifiziert.

Mit der Quantifizierung der direkten Wirkungen werden die Vorbereitungen für die Simulationen mithilfe des ökonometrischen Modells getroffen. In Kombination mit den Entwicklungspfaden werden Ergebnisse der Simulation der Wirkungen einer Klimaänderung auf Beschäftigung, Einkommen und Wachstum in der Unterweserregion vorgestellt.

Handlungsempfehlungen für die Unterweserregion ergeben sich vor allem aus der Analyse der Folgen ausgesuchter Küstenschutzmaßnahmen. Dazu werden Adaptionsstrategien der regionalen Akteure identifiziert und Handlungsoptionen im Rahmen des Küstenschutzmanagements für eine nachhaltige Entwicklung von Küstenregionen analysiert.

In den Schlußfolgerungen wird das Instrumentarium zur Behandlung exogener Schocks auf die langfristige regionale Strukturentwicklung zusammenfassend dargestellt, um folgende Attribute herauszustellen: transdisziplinär angelegt, auf sensitive Cluster spezialisiert, Szenarien formuliert, regional-ökonometrisch fundiert und Akteurswertungen integriert.

Abbildung 1: Konzeption der ökologischen, sozialen und ökonomischen Schnittstellen

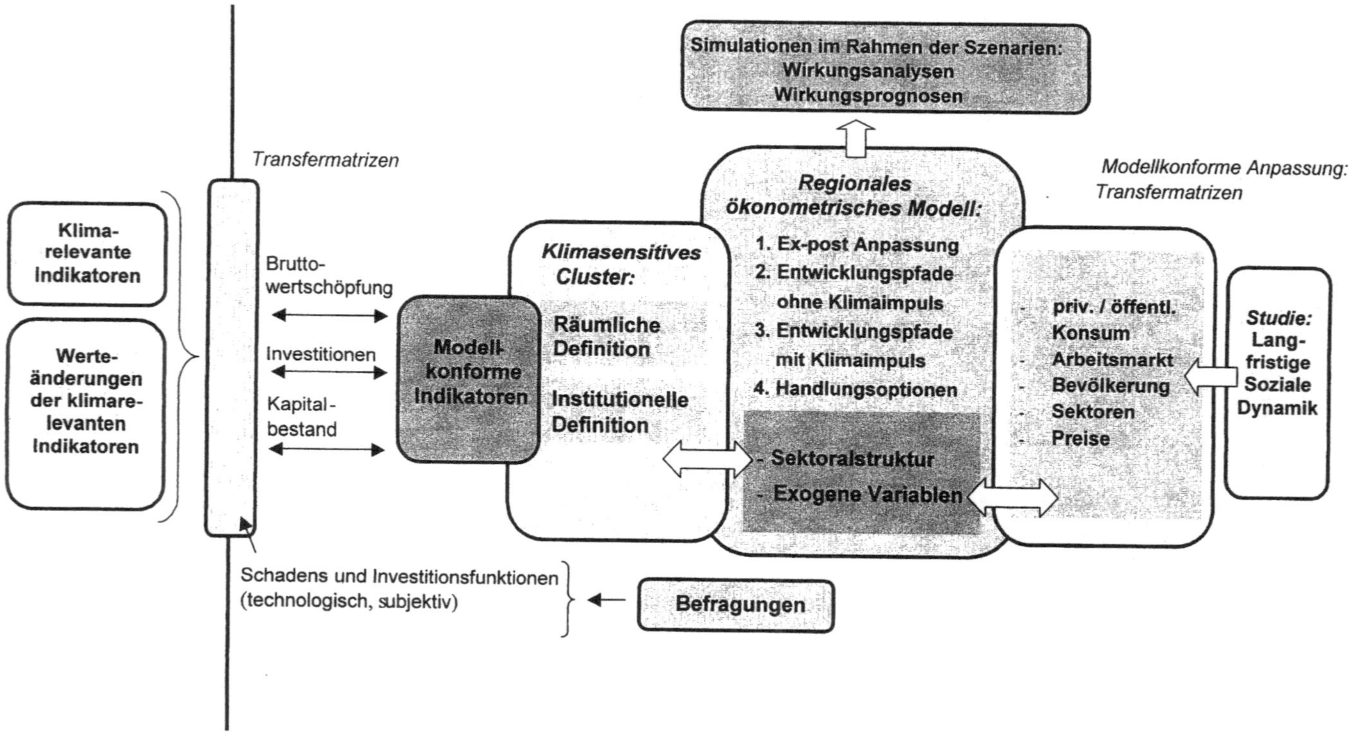

2 Der Klimawandel als exogener Umweltschock und Methoden der regionalökonomischen Evaluierung seiner Auswirkungen

2.1 Klimawandel und Klima(folgen)forschung

1824 beschrieb der französische Wissenschaftler Jean Baptiste Fourier zum erstenmal Vorgänge in der Erdatmosphäre, welche er mit einem Treibhauseffekt verglich. Um die Jahrhundertwende erörterte dann der Schwede Svante Arrhenius die Möglichkeit eines zusätzlichen, menschengemachten Effektes durch die Verfeuerung von Kohle.

Die Treibhausgase wie Kohlendioxid (CO_2), Methan (CH_4) und Distickstoffoxid (N_2O) sind seit vorindustrieller Zeit wesentlich angestiegen[12]. Dazu geführt haben verstärkte menschliche Aktivitäten wie die Verbrennung fossiler Brennstoffe, Landnutzungsänderungen und die Landwirtschaft allgemein. Auch andere anthropogene Treibhausgase sind angestiegen, so daß im Durchschnitt von einer zusätzlichen Erwärmung der Atmosphäre und der Erdoberfläche auszugehen ist. Tagsüber wird dieser Effekt durch die zunehmende Trübung der Luft abgeschwächt bzw. nur „maskiert"[13]. Diese Abkühlung der Atmosphäre wird durch hauptsächlich aus der Verbrennung fossiler Brennstoffe und von Biomasse entstehenden, mikroskopisch kleinen Partikeln (Aerosole) bewirkt.

Der dritte Bericht des „Intergovernmental Panel on Climate Change" (IPCC 2001) stellt seit den letzten 140 Jahren einen Anstieg der mittleren globalen bodennahen Lufttemperatur um 0,6°C (+/- 0.2°C) fest, der nur mit geringer Wahrscheinlichkeit vollständig natürlichen Ursprungs ist. Der zukünftige vom Menschen verursachte Anteil an der Erwärmung wird auf 0.1-0.2°C pro Jahrzent geschätzt.

---

[12] Seit 1750 stieg CO_2 um 31% auf rund 370ppm (parts per million: Anzahl der Molkeüle im Verhältnis zu 1 Millionen Moleküle trockener Luft), CH_4 um 151% auf 1060ppb (parts per billion) und N_2O um 17%; nach IPCC (2001). Die verschiedenen Treibhausgase haben eine unterschiedliche Auswirkung auf das Klima, so daß bei der Maßzahl von Treibhausgasen oft von CO_2-Äquivalenten ausgegangen wird. So gibt der von der IPCC benutzte Umrechnungskoeffizient GWP (Global Warming Potential) die Klimawirksamkeit eines Gases zwischen der Gegenwart und einem bestimmten Zeithorizont bezogen auf das Referenzgas CO_2 an. 62kg CO_2 haben etwa die entsprechende Klimawirkung wie 1kg Methan im Zeitraum von 20 Jahren.

[13] vgl. Berz 1996, S. 441

Die Prognosen für den Anstieg der mittleren globalen Temperatur der Jahre 1990 bis 2100 liegen zwischen 1,4°C und 5,8 °C. Diese Spanne wird von 35 verschiedenen Emissions-Szenarien[14] gebildet. Gegenüber dem zweiten Bericht von 1995, in dem 6 verschiedene Emissions-Szenarien eine Temperaturspanne von 1-3,5°C gaben, bedeuten diese Schätzungen eine Steigerung, die sich aus den neuen Annahmen bezüglich der Emission von Sulfat-Aerosolen erklärt. Die Werte von 1995 lagen noch um etwa ein Drittel niedriger als die „beste Schätzung" im Jahre 1990 (IPCC 1990), da bei den 1995er Szenarien von einer geringeren Emission von CO_2 und FCKW ausgegangen und die abkühlende Wirkung von Sulfat-Aerosolen berücksichtigt wurde. Allerdings hat sich auch das Verständnis des Kohlenstoffkreislaufes insgesamt verbessert. Die Werte von 2001 sind in ihrer Höhe und in ihrer weiteren Spannbreite weitgehend erklärbar durch die tatsächlich niedrigere Emission von Sulfaten durch Umweltschutzauflagen, was zu einem Verlust der abkühlenden Wirkung dieser Partikel geführt hat und in Zukunft führen wird.

Der Anstieg des Meeresspiegels aufgrund der thermischen Ausdehnung der Ozeane und des Abschmelzens von Gletschern und Eismassen wird bis zum Jahr 2100 auf 9-88 cm geschätzt. 1995 wurde die Spannbreite 15-95cm genannt, welche gegenüber den Werten von 1990 aufgrund niedrigerer Temperaturprojektionen und besserer Klima- und Eisschmelzmodelle um ein Viertel niedriger war. Die für 2001 gegenüber 1995 niedrigeren Werte werden mit einer geringeren Gewichtung der Einflüsse aus dem Abschmelzen von Gletschern und Eismassen erklärt. Diese Berechnungen betreffen nur den anthropogenen (unmittelbar "menschgemachten") Meeresspiegelanstieg, additiv ist noch der säkulare (natürliche) Meeresspiegelanstieg zu betrachten, der in einigen Regionen positiv ist (deutsche Nordseeküste) und in anderen negativ (an den Küsten Norwegens sinkt der natürliche Meeresspiegel aufgrund tektonischer Verschiebungen).

Im Bericht wird darauf hingewiesen, daß die Temperatur sowie der Meeresspiegel auch nach 2100 ansteigen werden, selbst wenn die Treibhausgase zu diesem Zeitpunkt stabilisiert werden könnten.

---

[14] IPCC entwickelte verschiedene Szenarien für die zukünftige Emission von Treibhausgasen und Aerosol-Vorläufern aufgrund von Annahmen über Bevölkerungs- und Wirtschaftswachstum, Landnutzung, technologische Änderungen sowie Verfügbarkeit von Energie und Energieträgermix im Zeitraum von 1990 bis 2100. In allen Szenarien nimmt die Konzentration von Treibhausgasen über den gesamten Zeitraum weiter zu. (Intergovernmental Panel on Climate Change, 2001).

Die Aussagen zur zukünftigen Klimaänderung sind mit Unsicherheiten behaftet, die in der Klimadiskussion als Argumente verwendet werden, um eine (bis zur vollständigen Gewißheit) abwartende Position bei den politischen Akteuren zu rechtfertigen. Somit existiert ein Fehler 1. Art und ein Fehler 2. Art: Ausgehend von der Hypothese, daß der globale Klimawandel zu extremen ökonomischen Folgen führen wird, wäre der Fehler 1. Art, die Hypothese abzulehnen und mit der gewohnten Politik fortzufahren, wobei sich die Hypothese dann als wahr erweist; der Fehler 2. Art wäre, die Hypothese anzunehmen und eine vorsorgende Politik zu finanzieren, wobei die Hypothese sich dann aber als unwahr herausstellt.

Folgende Abbildung verdeutlicht die entstehenden Kosten bzw. Wohlfahrtseffekte bei den genannten Rahmenbedingungen und Politikstrategien:

Abbildung 2: Wohlfahrtseffekte und Kosten je nach Politik und Stärke der Klimaänderung

Annahmen über Klimaänderungen / **Politikstrategie**	**extreme Klimaänderung**	**keine oder geringe Klimaänderung**
gewohnte Politikfortsetzung	• extrem hohe wirtschaftliche Kosten • irreversible ökologische Schäden	• geringe wirtschaftliche Kosten • andere ökologische Schäden durch CO_2
nachhaltige Adaptionsstrategie	• kurzfristige wirtschaftliche Anpassungskosten bei langfristig vermiedenen Schadenskosten • irreversible ökologische Schäden • Wohlfahrtseffekte in anderen Umweltbereichen	• Wirtschaftliche Anpassungskosten • andere ökologische Schäden durch CO_2 • Wohlfahrtseffekte in anderen Umweltbereichen

eigene Darstellung

Bei drastischen Klimaänderungen werden sich ökologische Dauerschäden nicht vermeiden lassen, da keine Klimapolitik hinsichtlich der Verringerung des CO_2 Ausstoßes angenommen wird. Jedoch könnten bei einer Adaptionsstrategie extrem hohe wirtschaftliche Kosten bei relativ niedrigen Anpassungskosten vermieden werden, falls die Klimaänderungen wie prognostiziert einsetzen. Da die Adaptionsstrategie auf Prinzipien einer nachhaltigen Wirtschaftsweise aufbaut, können auch Wohlfahrtseffekte eintreten, falls sich keine oder nur geringe Klimaänderungen bemerkbar machen. Die Abbildung verdeutlicht das Forschungsinteresse aus ökonomischer Sicht: das Feststellen der Kosten möglicher Adaptionsstrategien im Verhältnis zu den Kosten bei Fortsetzung der bisheriger Politik. Die Kosten der Anpassung beziehen sich zum großen Teil auf den Bereich des Küstenmanagements. Diese Kosten sind als defensive Ausgaben[15] zu verstehen, da wohlfahrtsrelevante Zustände (Existenz und Funktion der Region) vor den wachstumsinduzierten Schäden (Klimafolgen) geschützt werden sollen.

Vorsorgendes Handeln kann sich äußern in einer Verhinderungs- bzw. Verminderungsstrategie und einer Strategie rein adaptiver Maßnahmen. Für beide Wege sind die sozioökonomischen Wirkungen einer globalen Klimaänderung in Abhängigkeit von naturwissenschaftlichen Szenarien zu untersuchen: Ökonomische Klimafolgenforschung dient zum großen Teil der Diskussion um Maßnahmen zur Senkung des CO_2-Ausstoßes. Dazu werden Kosten und Nutzen einer modifizierten CO_2-Politik in Geldeinheiten ausgedrückt und gegenübergestellt. Im folgenden werden methodische Ansätze zur Bewertung der ökonomischen Folgen eines Klimawandels vorgestellt, um eine eigene auf das Untersuchungsgebiet abgestimmte Vorgehensweise ausarbeiten zu können.

Üblicherweise wird in den Analysen der Folgewirkungen des globalen Klimawandels von einer Verdoppelung der atmosphärischen Spurengaskonzentrationen (augedrückt in CO_2 Einheiten) gegenüber dem vorindustriellen Niveau (1750) ausgegangen. Hinter der Verwendung des sogenannten $2xCO_2$ Szenarios steht die Vorstellung, daß sich nach einem weitgehend katastrophenfreien Übergang ein neues klimatisches Gleichgewicht auf höherem Temperaturniveau einstellen wird. Dies schränkt den Vollständigkeitsanspruch der globalen, langfristig angelegten Schadensberechnungen ein. Aussagen über eine über das Jahr 2100 hinausgehende Betrachtung lassen sich nur selten finden[16].

Zudem besteht die Möglichkeit des Kippens der Atlantikströmung: nach einem Anstieg der globalen mittleren Temperatur um 3°C im Jahr 2100 könnte sich in Europa ein Temperatursturz zurück auf den vorindustriellen Wert ereignen, der sich über die folgenden Jahrhunderte noch weiter verstärken würde.[17] Hervorgerufen würde dieser durch die Zunahme der Niederschläge im Nordatlantik, die das Wasser verdünnen und damit zu einer Abschwächung der Strömung führen. So lange neues salziges Wasser von Süden nachströmt, greift der Verdünnungseffekt nicht, falls jedoch der Nachstrom von salzigem Wasser zu schwach wird,

---

[15] vgl. Leipert, 1986

[16] Eher spekulativ bei Cline, 1992, S. 54ff. und gemäß einer Expertenbefragung bei Nordhaus, 1993a, 1994.

[17] vgl. Rahmstorf, 2000, S. 70

droht ein Zusammenbruch der Strömung und damit das Kippen der Atlantikströmung, was wiederum das Ausbleiben der warmen Winde für Europa zur Folge hat. Die Existenz solcher kritischer Punkte ist wohl anerkannt, die Lage und das Verhalten des Klimas in ihrer Nähe sind allerdings schwer zu berechnen.

Zu den Unsicherheiten aus der naturwissenschaftlichen Forschung stellt sich der ökonomischen Klimafolgenforschung noch die Frage nach der künftigen sozioökonomischen Entwicklung, da sich die Klimaszenarien auf das Jahr 2050 bzw. 2100 beziehen. Eine Untersuchung der sozioökonomischen Folgen ist damit auch mit einer Prognose der entsprechenden gesellschaftlichen Entwicklung verbunden. Dies wird jedoch in den Analysen meist übergangen, da sie vom Entwicklungsstand heutiger Gesellschaften ausgehen.

2.2 Übersicht über die Methoden ökonomischer Klimafolgenbewertung in der internationalen Literatur

2.2.1 Qualitative Analyse einzelner Betroffenheitsbereiche

Ausgehend von Veröffentlichungen der US Environmental Protection Agency und der „Working Group II“ vom IPCC wurden verstärkt globale Folgen der Klimaänderung sowie Folgen für einzelne Bereiche wie Landwirtschaft, Biodiversität und Gesundheit untersucht, wobei sich die ersten Studien auf die Beschreibung qualitativer Wirkungszusammenhänge beschränkten[18].

In der Landwirtschaft wirken sich demnach der Hitzestress und die zu erwartende abnehmende Bodenfeuchte negativ auf die Ernteerträge aus. Ein positiver Düngeeffekt durch erhöhte CO_2 Konzentrationen stellte sich unter Laborbedingungen heraus, wobei allerdings eine ausreichende Versorgung mit Nährstoffen und Wasser vorausgesetzt wurde. Die Artenvielfalt wird durch verschiedene Faktoren als gefährdet angesehen: durch die angenommene Verschiebung der Waldgrenze Richtung Norden, durch die zunehmende Versalzung von Feuchtgebieten an den Küsten wegen des steigenden Meeresspiegels sowie durch die Schädigung von Korallenriffen - als Habitat zahlreicher Arten – aufgrund der zunehmenden Erwärmung des Wassers. Zunehmende Temperaturen führen in der Bevölkerung zu einem vermehrten Auftreten von Herz-Kreislauf-Erkrankungen, so daß sich auch dadurch bedingt eine höhere Sterberate ergeben wird. Die ersten qualitativen Äußerungen stammen vorwiegend von Forschern der jeweiligen Fachgebiete. Ökonomen begannen dann, diese Zusammenhänge

[18] vgl. Fankhauser und Pearce, 1994, S. 71

in Geldeinheiten auszudrücken und als Veränderung des Bruttosozialprodukts zusammenzufassen.

2.2.2 Quantitative Analyse großräumiger Folgekosten

Die Klimafolgenforschung und dabei insbesondere die ökonomische Wirkungsanalyse gelten als Vorreiter für integrierte Bewertungsverfahren in der Umweltökonomie.[19] Wiederholt zitierte Studien der quantitativen Ermittlung ökonomischer Auswirkungen auf zusammengefaßte Bereiche wurden vorgenommen von Nordhaus, Cline, Fankhauser, Titus und Tol. [20] Die Arbeiten berechnen Schadenskosten durch Klimaveränderungen in den USA in ihrer Gesamtheit für die Bereiche Landwirtschaft, Forstwirtschaft, Fischerei, Energie, Wasser, Küstenschutz, Landverlust und Gesundheit und übertragen zum Teil diese Ergebnisse auf weltweite Folgen.

Die Arbeiten von Nordhaus zu Beginn der 90er Jahre sind als Pionierarbeiten für ökonomische Bewertungsansätze anzusehen. Selbst betonend, daß sein Ansatz sehr vereinfachend vorgeht, werden bei einem Anstieg von 3°C der globalen Oberflächen-Temperatur die Schäden für die USA auf 0,25% des amerikanischen Bruttosozialprodukts geschätzt[21]. Nordhaus unterteilt verschiedene Wirtschaftsbereiche in sogenannte sehr klimasensible Bereiche (3%: Landwirtschaft, Forstwirtschaft und Fischerei), weniger klimasensibel (10%: Bauwirtschaft, Transportwesen, Dienstleistungen) und unwesentlich betroffene Bereiche (87%: Finanzwesen, Handwerk, Bergbau). Für quantitative Aussagen beschränkt er sich allerdings auf nur wenige Bereiche. So übernimmt er aus einer Studie der U.S. Environment Protection Agency Angaben zu Effekten auf die Landwirtschaft. Dort werden Effekte zwischen plus 9,7 oder minus 10,6 Milliarden Dollar angesetzt, je nachdem, wie stark der durch vermehrten CO_2-Ausstoß hervorgerufene Düngeeffekt auftritt. Durch einen Meeresspiegelanstieg von 50 cm werden jährlich Landverluste in Höhe von 1,55 Milliarden $ entstehen, wobei noch Schutzkosten in Höhe von insgesamt 3,74 Milliarden $ hinzuzurechnen sind. Durch den erhöhten Bedarf an Elektrizität für Klimaanlagen entstehen Kosten in Höhe von 1,65 Milliarden $, wobei durch die Reduzierung des Bedarfs an Heizenergie Kosten in Höhe von 1,16 Milliarden $ eingespart werden könnten. Ausgehend von den Gesamtschäden in Höhe von 0,25% des amerikanischen BIP überträgt Nordhaus dann die Schadensermittlung auf

---

[19] vgl. Sors et. al., 1996
[20] vgl. Tol, 1995, S. 355
[21] vgl. Nordhaus, 1991

globale Sicht und kommt zum Ergebnis, daß der weltweite Schaden etwa bei 1-2% des weltweiten BIP liegt.

Nordhaus setzte später seinen Ansatz in ein mathematisches Modell (DICE) um, welches die Auswirkungen des Klimawandels auf ausgewählte Wirtschaftsbereiche aufzeigt bzw. klimapolitische Szenarien mit ihren Auswirkungen auf die Wirtschaftsbereiche untersucht[22]. Dabei kommt er zum Ergebnis, daß es ökonomisch nicht effizient wäre, sofort mit einer Strategie zur der Verminderung des Ausstoßes von CO_2 zu beginnen, sondern die Entwicklung zu verfolgen und den optimalen Punkt für die Reaktion abzuwarten.

Cline (1992) kritisierte den Ansatz von Nordhaus als zu grob und stellte ein eigenes, detaillierteres Konzept vor. Seine Gegenüberstellung der Kosten einer Reduktion von CO_2 mit dem Nutzen aus den vermiedenen Kosten einer Klimaänderung führt zur Feststellung, daß es sozial effizient wäre, eine aggressive Reduktionsstrategie zu beginnen[23]. Grundsätzlich verwendet er die gleiche Vorgehensweise einer reinen Bestandsrechnung ohne Berücksichtigung sektoraler Interdependenzen oder Auswirkungen auf Stromgrößen wie Einkommen oder Beschäftigung. Zudem wird von dem Status-Quo des wirtschaftlichen Systems ausgegangen und keine Prognose sozioökonomischer Verhältnisse parallel zum zeitlichen Wirken globaler Klimaänderung vorgenommen.

Diese Art von Studien werden im Englischen auch „enumerative studies" genannt, da sie die einzelnen Betroffenheitsbereiche selektiv bewerten und zum Schluß eine Gesamtbewertung durch Summieren vollziehen, ohne Interdependenzen der Auswirkungen zwischen den Bereichen oder auch Auswirkungen auf andere Bereiche zu integrieren.

Diese Studien[24] beziehen mögliche Anpassungen, außer bei der Berücksichtigung von Schutzmaßnahmen an der Küste, nicht mit ein. Hier berufen sich die Studien zum größten Teil auf eine 1990 für IPCC erstellte Studie von niederländischen Ingenieuren zur Bewertung der weltweiten nötigen Ausgaben zum Schutz von Stränden, Häfen, Städten und weniger besiedelten Küstengebieten. Die Bewertung von überflutungsgefährdetem Festlandgebiet geschieht nach Schätzungen des Verhältnisses von Küstenkilometern niedrig gelegener Gebiete zu dem tatsächlich überflutungsgefährdeten Gebiet. Eine Schätzung geht z.B.

---

[22] vgl. Nordhaus, 1993b
[23] vgl. Cline, 1994, S. 88
[24] vgl. Fankhauser, 1995, S. 29ff. Die im nachfolgenden zitierten Studien und Abschätzungen sind dort nachzulesen.

von einem Faktor von 0,46 aus und schätzt zudem den Wert eines solchen Gebietes auf 2 Millionen US $ pro km², so daß sich durch Multiplizieren dieser Faktoren mit den Küstenkilometern der entsprechende Gefährdungswert ergibt.

Bei der Berechnung von Schäden im Bereich der Feuchtgebiete werden verschiedene Annahmen über den Prozentsatz der verlorenen Gebiete gemacht, je nach unternommenen Schutzvorkehrungen liegt er bei 30 bis 50%. Unter Berücksichtigung der durch diese Feuchtgebiete erbrachten Werte - ausgehend von Fischerei bis zu Freizeitaktivitäten - werden verschiedene Schätzungen von 1,5 bis 13 Millionen US $ vorgeschlagen. Falls Fischerei als eigenständiger Bereich aufgeführt wird (und nicht unter Feuchtgebiete fällt), werden besonders die Folgen in den küstennahen Gebieten hervorgehoben, da dort die Brutzonen vieler Fangfische existieren.

Um Werte für Ökosysteme und verschiedene Arten zu ermitteln, welche durch eine Klimaänderung gefährdet sind, werden Ergebnisse von durchgeführten Zahlungsbereitschaftsanalysen auf vergleichbare Gebiete übertragen.

Im Bereich der Landwirtschaft werden Einflüsse von erwarteten Klimafaktoren wie Temperaturänderung und damit verbundenes Sinken der Trinkwasserverfügbarkeit auf die Produktion in den Vordergrund gestellt. Diese Abschätzungen sind relativ einfach durchzuführen, da die Zusammenhänge zwischen den Wachstumsvoraussetzungen und der Produktionsmenge weitgehend erforscht sind.

Da Waldzonen im Durchschnitt eher negativ betroffen sein werden und ein Verschieben der Waldgrenze Richtung Norden zu erwarten ist, wurden auch in diesem Bereich Abschätzungen vorgenommen, wobei z.B. in einer Studie von einem weltweiten Verlust von 6% ausgegangen worden ist. Die Abschätzungen über den Wert dieser Wälder ist abhängig von der Walddichte, so wird für ein waldreiches Land wie Kanada ein niedrigerer Wert angenommen als vergleichsweise für Deutschland. Fankhauser geht z.B. im Durchschnitt von 2000US $ pro km² aus.

Zur Bewertung der Folgen für den Energieverbrauch beschränken sich viele Studien auf die elektrische Energie und nehmen je nach Region unterschiedliche Auswirkungen an. So wird für tendenziell kältere Gebiete eher ein Sinken des Energiebedarfs angenommen, etwa um 1% und für wärmere Gebiete eine Erhöhung des Energiebedarfs (Klimaanlagen) um z.B. 3% bei einem Temperaturanstieg von 2,5C°.

Bei der Zusammenfassung der quantitativen Ergebnisse ist festzustellen, daß sich in den bekannten amerikanischen Studien unter Verwendung einer grundlegend gleichen Methodik, bei etwas unterschiedlichen Annahmen über die Temperaturschwankungen (2.5-4.0°C) und bei gleicher Annahme von einem Meter Meeresspiegelanstieg bis zum Jahr 2100 Kosten in einer Bandbreite von 48.6 bis 121.3 Milliarden US $ ergeben. Dies entspricht ca. 1-2.5% des amerikanischen Bruttosozialprodukts (s. *Abbildung 3*).

Abbildung 3: Schätzungen für Schäden durch Klimaänderung (2xCO_2) in den USA in Mrd. $ [25]

	Cline, 1992[a] 2.5°C	Titus, 1992[a] 4°C	Tol, 1993[b] 3°C	Nordhaus, 1991[a] 3°C
sea level rise	6.1	5.0	8.5	10.7
agriculture	15.2	1.0	10.0	1.0
forest loss	2.9	38.0	-	small
Fishery	-	-	-	small
Energy	9.0	7.1	-	1.0
water supply	6.1	9.9	-	
other sectors	1.5[c]	-	-	
Ecosystem loss	3.5	-	5.0	
Human amenity	-	-	12.0	
life/morbidity	5.0	8.2	37.4	d
Migration	0.4	-	1.0	
air pollution	3.0	23.7	-	
water pollution	-	28.4	-	
natural hazards	0.7	-	0.3	
Total (bn $) (%GNP, 1988)	53.4 (1.1)	121.3 (2.5)	74.2 (1.5)	48.6 (1.0)

a transformed to 1988 values based on per cent GNP estimates
b USA and Canada
c tourism, urban infrastructure
d not assessed categories, estimated at 0,75 per cent of GNP

In diesem Zusammenhang ist es wichtig, auf die Bedeutung der Diskontrate hinzuweisen. So stellt Fankhauser (1995) in einem Beispiel über die Kosten eines Meeresspiegelanstiegs fest, daß die Wahl unterschiedlicher Diskontraten in den Studien von Cline (er nimmt eine Rate von 0% an) und Nordhaus (er geht von 3% aus) im Durchschnitt die Kosten um den Faktor 3 variieren läßt[26].

[25] aus Fankhauser, 1995, S. 18
[26] vgl. Fankhauser, 1995, S. 86

Aus der Untersuchung globaler Bewertungsansätze in der ökonomischen Klimafolgenforschung und der Feststellung, daß quantitative Ergebnisse auf einer derart aggregierten Ebene schnell willkürlich erscheinen, läßt sich der Bedarf an regional begrenzten Analysen ableiten. Zum einen wirkt sich die Klimaänderung regional in unterschiedlicher Weise aus, und zum anderen werden unterschiedliche Regionen entsprechend ihrer spezifischen sektoralen Strukturen und ihrer sozioökonomischen Situation unterschiedlich betroffen sein.

Obige Studien zur Ermittlung ökonomischer Auswirkungen der Klimaänderung führen zu Schadensfunktionen, welche innerhalb von Simulations-Modellen genutzt werden und verstärkt zur Politikberatung herangezogen werden.

2.2.3 Integrative Modelle in der ökonomischen Klimafolgenforschung

Um eine Verbindung zu konkreten Politikempfehlungen herzustellen, legten Simulations-Modelle, beginnend mit dem niederländischen Modell IMAGE[27], den Schwerpunkt auf Auswirkungen sozio-ökonomischer Aktivitäten (gemessen in Emissionen) auf Klimaprozesse sowie auf Möglichkeiten, diese Aktivitäten zu beeinflussen.

Solche integrativen Bewertungsmodelle bestehen aus mehreren Teilmodellen: zumeist aus einem Modell, welches den Zusammenhang zwischen ökonomischen Aktivitäten und dem Energieverbrauch darstellt, einem atmosphärisch-chemischen Modell, welches verbunden ist mit einem Klimamodell, und schließlich einem Modell für die ökologischen und eventuell auch ökonomischen Folgen eines Meeresspiegelanstiegs.

Es existieren ferner Optimierungsmodelle wie z.B. DICE[28], welche sich am Ziel "Maximierung des diskontierten Konsumwertes" orientieren, oder auch das allgemeine Gleichgewichtsmodell MERGE[29], welches die monetären Folgen als quadratische Funktion der Temperaturveränderung beinhaltet. Wirkungen der Klimaänderung auf sozio-ökonomische Bereiche werden im system-dynamischen Modell IMAGE auf den Anstieg des Meeresspiegels beschränkt und in Kosten für Deicherhöhungen und Küstenverstärkungen ausgewiesen. Ökonomische Folgen der Änderung ökologischer Größen werden in den Modellen nicht berücksichtigt.

---

[27] Rotmans, 1990
[28] Nordhaus, 1993
[29] Manne et al., 1994

Letztlich bleibt die Qualität dieser Modelle abhängig von den quantitativ orientierten, monodisziplinären Folgestudien. Als Nachteil bisheriger Modelle integrierter Bewertungsverfahren gilt die zu enge Abbildung von Klimaimpulsen und Klimawirkungen durch eine einfache Schadensfunktion, welche die *globale Temperatur* als einzige erklärende Variable enthält.[30]

Im folgenden werden Bewertungsansätze für Regionen in Deutschland dargestellt, die entweder direkt mit der Klimafolgenforschung verbunden sind (Studie über Brandenburg), einen Teilaspekt der Klimaänderung herausgreifen, wie z.B. den Temperaturanstieg (Extremer Nordsommer) oder die steigende Überflutungsgefahr behandeln (Studie über überflutungsgefährdete Gebiete an Schleswig-Holsteins Küsten, Studie zur Vulnerabilität der Nord- und Ostseeküste) oder aber auch in ihrer Methodik der Bewertung für die Betrachtung möglicher Folgen der Klimaänderung relevant sind (Deichbauvorhaben in der Wesermarsch).

2.3 Methoden zur regionalen ökonomischen Klimafolgenbewertung in Deutschland

Die aufgeführten Studien sind nachfolgend in eine Systematik der verwandten Methoden eingeordnet. Demnach werden zunächst die Studie zur Untersuchung der Folgen des besonderen Temperaturanstiegs im Jahr 1992 für den norddeutschen Raum sowie die Studie über Klimafolgen in Brandenburg erläutert, da beide vorwiegend qualitative Aussagen zu den beobachteten bzw. vermuteten ökonomischen Wirkungszusammenhängen machen.

Die Methode im Bewertungsgutachten bezüglich der überflutungsgefährdeten Gebiete Schleswig-Holsteins basiert im wesentlichen auf dem für das Bewertungsgutachten für Deichbauvorhaben in der Wesermarsch entwickelten Verfahren zur Identifizierung betroffener Vermögenswerte nach Sektoren anhand von Daten aus der amtlichen Statistik. Diese Methode behandelt somit eine Hochwasserschadensanalyse und deckt damit einen wichtigen Teilbereich der Erfassung ökonomischen Klimafolgen ab.

Abschließend wird das methodische Konzept des IPCC am Beispiel einer Untersuchung der Gefährdung und Vulnerabilität der deutschen Nord- und Ostseeküste bezüglich des Klimawandels vorgestellt. Dieses Konzept namens „Common Methodology“ untersucht das Gefährdungspotential für Menschen und für das Land sowie daraus resultierende Kosten und gibt Hinweise auf

[30] Siehe Janssen, 1998, S. 26

monetär nicht ersetzbare Verluste, wobei auch bei dieser Methode eher die Gefährdung einer Überflutung in den Mittelpunkt gestellt wird.

2.3.1 Extremer Nordsommer 1992 im norddeutschen Raum[31]

Unter der Arbeitshypothese, daß die Hitze und Trockenheit, wie sie auffällig im norddeutschen Raum im Sommer 1992 beobachtet wurde, eine Auswirkung der Klimaänderung darstellt, will diese Studie die Reaktionen des natürlichen Ökosystems, der bewirtschafteten Ökosysteme und des gesellschaftlichen Bereiches untersuchen.

Qualitative Aussagen wurden für ausgewählte Bereiche in 5 Kategorien (stark negative; schwach negative; keine; schwach positive; stark positive Auswirkungen) vorgenommen. Stark positive Auswirkungen erfuhren die Bereiche Getränkeindustrie, Freizeit und Tourismus. Als schwach negativ wurden die Auswirkungen beim Transportwesen und der Nahrungsmittelproduktion bezeichnet.

6% Zunahme des Fremdenverkehrs in Hamburg, allgemein ein zunehmender Tourismus gegen Norden und wegen mangelnder Beherbergungskapazitäten Verlagerung des Fremdenverkehrs ins Binnenland ließen sich feststellen. Allerdings waren auch höhere Kosten durch den gestiegenen Tagestourismus und durch vermehrtes Algenwachstum (Strandreinigung) zu bemerken.

Grundsätzlich verstärkte sich die Nutzung der Naherholungsgebiete und Badestrände, Änderung im Freizeitverhalten ließ sich dadurch feststellen, daß die Umsätze in den Cafes stiegen. Hingegen nahmen der Städtetourismus und die Museensbesuche ab.

Quantifizierbare Auswirkungen beschränkten sich auf Ernteeinbußen in der Landwirtschaft (von den Verbänden auf 3,5 bis 4 Milliarden DM geschätzt) sowie auf Schäden in der Forstwirtschaft in Brandenburg (durch Waldbrände wurden 2080 ha Wald vernichtet, was einem Aufwand für Wiederaufforstung von 30 Millionen DM entspricht).

Insgesamt stellt die Studie aber auch fest, daß der umwälzende Strukturwandel in den neuen Bundesländern die Auswirkungen der extremen Witterung überlagerte, so daß eine saubere Trennung der Einflußfaktoren nicht möglich ist.

---

[31] Schellnhuber, Enke, Flechsig, 1992

2.3.2 Klimaänderung in Brandenburg[32]

Ausgehend von eigenen Klimaszenarien, die für Brandenburg aus den globalen Szenarien des IPCC abgeleitet wurden, führte das Institut für Klimafolgenforschung in Potsdam eine Pilotstudie durch, welche einen Teil eines langfristigen regionalen Projekts zur Analyse der Auswirkungen von Klimaänderungen im Elbe-Einzugsgebiet in Norddeutschland darstellt.

Die Pilotstudie ist als Vorbereitung zu sehen und gibt daher im wesentlichen keine quantitativen Aussagen, sondern größtenteils qualitative Aussagen zu Wirkungszusammenhängen. Beschrieben werden Auswirkungen auf Wasserressourcen, auf Wälder und natürliche Ökosysteme, auf Forstwirtschaft, landwirtschaftliche Erträge, menschliche Gesundheit und Energiewirtschaft.

Grundsätzlich wird der Bedarf für die Weiterentwicklung der Simulationsmodelle hervorgehoben, da sich z.B. sehr unterschiedliche Auswirkungen auf die landwirtschaftlichen Erträge je nach Szenario ergeben und Möglichkeiten für eine Kompensation der zu erwartenden Ertragsverluste durch langfristig angepaßte Bewirtschaftung integriert werden sollten.

Hinsichtlich der Energiewirtschaft wurde aus Referenzstudien ein erhöhter Bedarf an Elektroenergie zu Kühlzwecken abgeleitet. Für weitere Analysen wird Bedarf gesehen in der Differenzierung nach verschiedenen Sektoren und in der näheren Untersuchung der Nachfrageseite (so etwa hinsichtlich des Bedarfs an Aggregaten zur Raumkühlung) und der Angebotsseite (etwa hinsichtlich der potentiellen Kühlwasserdefizite).

In der Fortführung der Untersuchung sollen Größenordnungen wirtschaftlicher Auswirkungen unter Einbeziehung von Anpassungsstrategien erörtert werden. Dann wird auch das Aufzeigen sektoral gegliederter Vorsorgemaßnahmen in verschiedenen Wirtschaftsbereichen angestrebt.

2.3.3 Bewertungsgutachten für Deichbauvorhaben an der Festlandküste - Modellgebiet Wesermarsch[33]

Diese Studie erstellt ein Nutzen-Kosten-analytisches Bewertungsgutachten für Deichbauvorhaben an der Festlandküste. Im Gegensatz zu sonstigen mikroanalytischen Hochwasserschadensanalysen, die Einzelobjektschäden betrachten,

---

[32] Stock und Tóth, 1996

[33] Klaus und Schmidtke, 1990

versucht diese Studie im meso-regionalen Bereich (Landkreis- und Gemeindeebene) neue methodische Wege zu gehen, um für den Küstenschutz quantitative Ergebnisse zu erzielen. Dies bezieht sich vor allem auf die Identifizierung betroffener Vermögenswerte nach Sektoren, ermittelt aus der amtlichen Statistik (Arbeitsstättenzählung und Katasterstatistik). Dazu werden Wertschöpfungsverluste und besondere Katastrophenaufwendungen berücksichtigt.

Für sämtliche Fluren der neun Gemeinden wurde eine Auflistung der Flächen nach der tatsächlichen Nutzung vorgenommen (Gebäude- und Freifläche für Wohnen, Land- und Forstwirtschaft, Versorgungsanlagen, Verkehrsanlagen, Gewerbe- und Industrie, Handel und Wirtschaft, Öffentliche Zwecke, Entsorgungsanlagen, Erholung sowie Verkehrsfläche, Landwirtschaftsfläche und Wasserfläche). Die Untersuchung verlangt eine Datenverschneidung der Flurkarte der Katasterverwaltung und des Höhenplanes für den Landkreis Wesermarsch. Dann wurden die Flächenanteile berechnet, die in Schritten von je einem halben Meter unter -0,5m NN bis über 1,5m NN liegen.

Die Übersicht der Meßgrößen für die vom Deichbau geschützten Werte zeigt die Auswahl der Indikatoren für die Studie (s. *Abbildung 4*). Im folgenden werden die zusammengesetzten Indikatoren näher betrachtet.

Zu A: Der Indikator Wohnungskapitalstock (AII2) ergibt sich aus der Ermittlung des Wohnungskapitals auf Bundesebene und wird für das Untersuchungsgebiet runtergerechnet. Dazu wurde festgestellt, daß die Anzahl der Wohnungen pro Kopf der Wohnbevölkerung der Wesermarsch den gleichen Wert aufweist wie in der Bundesrepublik insgesamt, so daß im Durchschnitt auch von einer gleichen Höhe des Wohungskapitals pro Kopf der Wohnbevölkerung ausgegangen werden kann. Die Wertgrößen unter dem Stichwort Infrastruktur (AIII) in den Bereichen Bildung, Erholung und Versorgungseinrichtungen wurden über Kreisstatistiken ergänzt durch eine flächendeckende Umfrage ermittelt.

Zu B: Zur Ermittlung der Wertgefährdung des Faktors Boden (BII) werden die verschiedenen Nutzungstypen aus der Flächenerhebung mit Bodenrichtwerten aus einem Grundstücksmarktbericht bewertet, der zwischen Wohnbaufläche des individuellen Wohnbaus, des Geschoßwohnbaus und gewerblichen Bauflächen nach guter, mittlerer und mäßiger Lage unterscheidet sowie landwirtschaftliche Flächen nach ihrer Bodenart bewertet.

Abbildung 4: Meßbereiche für die vom Deichbau geschützten Werte [34]

A. Sozio-ökonomische Basis
- I. Bevölkerung
  - (1) Langfristige Entwicklung
  - (2) Altersstruktur
- II. Wohnstätten
  - (1) Wohngebäude, Wohnungen, wohnende Personen
  - (2) Wohnungskapitalstock
- III. Infrastruktur
  - (1) Bildung und Erholung
  - (2) Versorgungseinrichtungen

B. Regionale Produktionsstätten und –faktoren
- I. Produktionsstätten und Arbeitsplätze
  - (1) Arbeitsstätten und Beschäftigte in Wirtschaftsbereichen
  - (2) Betriebsgrößen
- II. Produktionsfaktor Boden
  - (1) Richtwerte und Flächennutzungsanteile
  - (2) Wert landwirtschaftlich genutzter Flächen
- III. Kapitalstock sowie andere Vermögenswerte in den Sektoren
  - (1) Bruttoanlagevermögen in Wirtschaftsbereichen
  - (2) Vermögensarten insgesamt

C. Laufendes Wirtschaftsergebnis
- (1) Bruttowertschöpfung
- (2) Steueraufkommen

D. Umweltbezogene Tatbestände
- (1) Entsorgungseinrichtungen
- (2) Schutzgebiete

Für den Faktor Kapital (BIII) wurden zwei Indikatoren ausgewählt: Zum einen das Bruttoanlagevermögen in Wirtschaftsbereichen, welches ausgehend von der sektoralen Kapitalintensität je Erwerbstätigem (nach der VGR des Statistischen Bundesamtes) und der Zahl der beschäftigten Personen in den Wirtschaftsbereichen (Arbeitsstättenzählung, Daten auf Gemeindeebene) berechnet wurde und der sonstigen Vermögensermittlung. Diese Kennzahl wiederum besteht aus dem Wohnungsvermögen einschließlich Hausrat, den Vorratsbeständen, dem Kfz-Bestand, dem Viehbestand und dem Bodenwert der landwirtschaftlich genutzten

[34] vgl. ebd., S. 53

Fläche. Anderweitig genutzter Boden ist mit seinem Wert im Bruttoanlagevermögen bzw. dem Wohungsvermögen integriert.

Das Wohnungsvermögen beinhaltet auch das Ausstattungsvermögen der Haushalte, welches ausgehend von den bundesdurchschnittlichen Ausgaben eines mittleren Haushaltes für Möbel, Bodenbeläge, Unterhaltungsgeräte und ähnliche Ausstattungsgegenstände in Höhe von monatlich 290 DM und der Annahme einer durchschnittlichen Lebensdauer von 7 Jahren mit einem Zeitwert (50%) von 12.000 DM angesetzt wird. Dieser Wert entspricht durchschnittlich 7.2% des Wohnungskapitals, so daß ausgehend vom Wohnungskapital der Hausrat jeweils entsprechend errechnet werden kann.

Das Vorratsvermögen wird auf Bundesebene nicht getrennt nach Wirtschaftsbereichen ausgewiesen, so daß die auf Bundesebene bestehende Relation von 8% zum Kapitalstock ohne Wohnungen übernommen wird.

Der KFZ-Bestand (Landkreis-Daten) wird entsprechend den Anteilen am Wohnungsvermögen auf die Gemeinden aufgeteilt, wobei PKW (Durchschnittswert von 10.000 DM) und Krafträder (Durchschnittswert von 2.000 DM) dem privaten Bestand und die übrigen Fahrzeuge der gewerblichen Nutzung zugewiesen werden. Der Viehbestand wird nach einem Durchschnittswert von 3482 DM pro ha landwirtschaftlicher Fläche berechnet und der Bodenwert der landwirtschaftlich genutzten Flächen wird über die Verbindung der binnendeichsgelegenen Katasterflächen mit den Aussagen des Grundstücksmarktberichts ermittelt.

Zu C: Für das laufende Wirtschaftsergebnis wird die Bruttowertschöpfung nach 5 Sektoren (LK-Ebene) anhand der Anteile an der Steuereinnahmekraft auf Gemeindeebene runtergerechnet, weil die Steuereinnahmekraft der Landkreise des Regierungsbezirks Weser-Ems mit ihrer jeweiligen Bruttowertschöpfung korreliert. Da die Fähigkeit der öffentlichen Hand, Steuereinnahmen zu sichern und für Bedürfnisse der Bevölkerung zu verwenden, ebenfalls zu den geschützten Werten des Gebietes hinzugezählt wird, fließen die Einnahmen an Realsteuern (Grundsteuer und Gewerbesteuer) sowie der Gemeindeanteil an der Einkommenssteuer als Indikatoren mit ein.

Zu D: Bezüglich der umweltbezogenen Tatbestände werden Angaben hinsichtlich der Entsorgungseinrichtungen (Abwasser, Abfall) und der geschützten Landschaftsanteile (Landschaftsschutzgebiete, Naturschutzgebiete, Nationalpark Wattenmeer) gemacht.

Abschließend werden als Indikatoren besonders herausgestellt: Bewohner, Arbeitsplätze, gesamte Vermögenswerte, das Wohnungskapital sowie die Bruttowertschöpfung. Diesen Daten werden die Aufwendungen für den Küstenschutz pro Kopf der Bevölkerung, pro Beschäftigten und pro 1 Mio Vermögenswert gegenübergestellt.

Die berechneten Vermögenswerte werden gemeindeweise den unterschiedlichen Überflutungsflächen sektorspezifisch zugeordnet. Dazu werden die im Liegenschaftskataster verzeichneten Flächennutzungen nach 12 Kennungen auf der Ebene der Kataster-Flur ausgewiesen und den verschiedenen Sektoren zugewiesen (s. *Abbildung 5* und *Abbildung 6*).

Abbildung 5: Katasterdaten zur Flächennutzung[35]

Kennung 21130	Gebäude- und Freifläche Wohnen
Kennung 21270	Gebäude- und Freifläche Land- und Forstwirtschaft
Kennung 21250	Gebäude- und Freifläche für Versorgungsanlagen
Kennung 21230	Gebäude- und Freifläche zu Verkehrsanlagen
Kennung 21500	Verkehrsfläche
Kennung 21170	Gebäude- und Freifläche Gewerbe und Industrie
Kennung 21140	Gebäude- und Freifläche Handel und Wirtschaft
Kennung 21110	Gebäude- und Freifläche Öffentliche Zwecke
Kennung 21260	Gebäude- und Freifläche zu Entsorgungsanlagen
Kennung 21280	Gebäude- und Freifläche Erholung
Kennung 21600	Landwirtschaftsfläche

Aus der Analyse ergeben sich szenariobedingte Gefährdungspotentiale der Vermögenswerte. Der tatsächliche Schädigungsgrad ist abhängig von der mittleren Überflutungshöhe und der Einstaudauer. Aus den geographisch erfaßten mittleren Überflutungshöhen ergeben sich Überflutungsmatrizen, aus denen sich die jeweiligen Schädigungsmatrizen durch Zuordnung einer Schadensrate in Prozent der betrachteten Vermögenswerte (basierend auf Expertengesprächen) ableiten.

Abschließend werden noch Aufwendungen für den Katastropheneinsatz bestimmt (1.000 Helfer, 50 Wochenstunden, Stundensatz von 10 DM) sowie der Wertschöpfungsentgang als Anteil am Schadenswert des Kapitalstocks nach bestimmten, aus der Literatur entnommenen Prozentsätzen.

[35] vgl. ebd., S. 27

Abbildung 6: Aufteilungsschlüssel für die Flächennutzungen 1990, LK Wesermarsch[36]

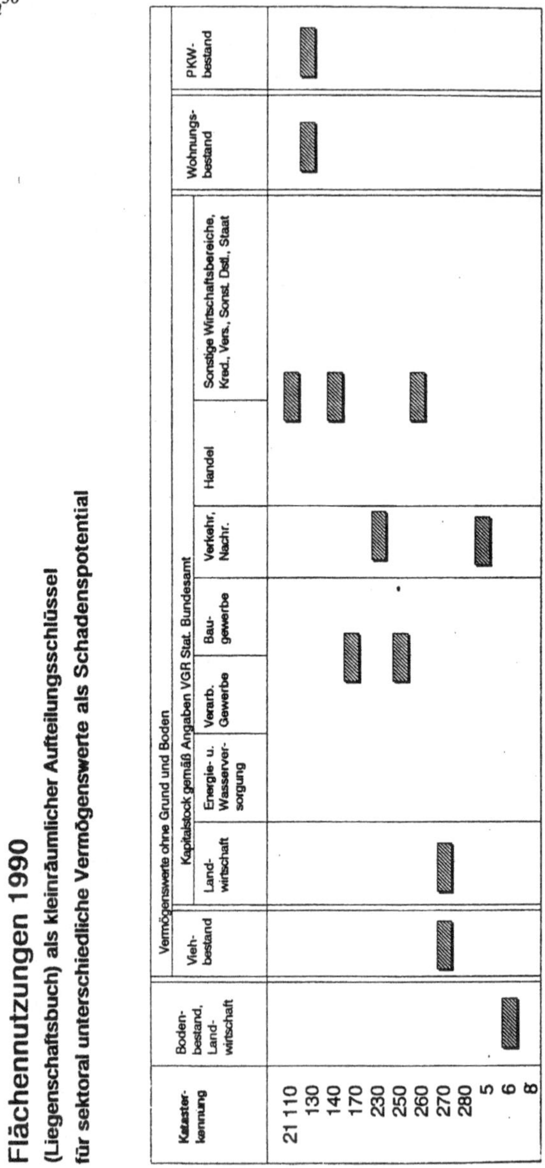

---

[36] vgl. ebd., S. 93. Dieser Verteilungsschlüssel wird später (*Tabelle 5*) noch verwendet werden.

Bei der abschließenden Zusammenfassung liegt der Gesamtschaden einer Überflutung bis zur Höhe von 1,5 m NN in der Größenordnung der gesamten Bruttowertschöpfung eines Jahres im Landkreis Wesermarsch (2,020 Mrd. DM), bei einer Überflutung von 1m bei ca. der Hälfte, bei 0m NN nur noch bei 8% und bei -0,5m NN bei 2%.

Die Schäden bei einer Überflutung in Höhe von 1m NN entsprechen mehr als dem Fünffachen der jährlichen Ausführungskosten für Küstenschutzmaßnahmen in der Bundesrepublik. Die Gefährdung von Vieh, Vorräten und KFZ nimmt bei der Betrachtung der Schadensanteile an den Vermögenswerten den höchsten Platz ein, Kapitalstock und Wohnungen liegen im Mittelfeld, während landwirtschaftliche Flächen vergleichsweise als weniger bedeutend einzuschätzen sind.

Diese umfassende Analyse bildet den ersten Ansatz einer Vorteilhaftigkeitsanalyse von Deichbauvorhaben an der Festlandküste in Deutschland, die mit ihrer Methodik die Verwendungsmöglichkeiten aggregierter Datenbestände aufzeigt und damit großräumige Betrachtungsweisen erlaubt. Wie schon anfangs erwähnt, liegt die Besonderheit dieser Studie in der Betrachtung sektorspezifischer Vermögenswerte, die aus der amtlichen Statistik ermittelt wurden. Damit ist die Möglichkeit geschaffen, diese Methodik auch auf ähnliche Bewertungsstudien zu übertragen.

Es ist noch anzumerken, daß in den Folgerungen aus den empirischen Resultaten auf die große Bedeutung zukünftiger klimatologischer Trends hingewiesen wird, verbunden mit der Aufforderung die potentiellen Veränderungen der Sturmfluthäufigkeit und den beschleunigten Meeresspiegelanstieg als Belastungsgrößen und Gefährdungsmomente in die längerfristigen Strategiekonzepte einzubeziehen.

2.3.4 Bewertungsgutachten für die potentiell überflutungsgefährdeten Gebiete an den Küsten Schleswig-Holsteins[37]

Anläßlich der geplanten Fortschreibung des Generalplans für Schleswig-Holstein wurde eine Studie zur Abschätzung der Folgen einer potentiellen Überflutung küstennaher Gebiete im Verlauf einer Sturmflut, insbesondere die Ermittlung der auftretenden Wertverluste in Auftrag gegeben.

Grundlage der Studie ist eine Analyse des Schadenspotentials der betroffenen Gebiete, dazu gehört die Ermittlung der im Falle einer Überschwemmung

[37] vgl. Hamann, Klug, 1998

gefährdeten Menschenleben und der Sachwerte wie Wohngebäude, Produktionsstätten und die betroffenen landwirtschaftlichen Nutzflächen. Die Begrenzung des Untersuchungsgebietes wurde anhand der zweiten Deichlinie bzw. - falls keine vorhanden war – anhand der 5m Isohypse vorgenommen.

Die Untersuchung basiert auf der von der oben für die beschriebenen Wesermarsch-Studie entwickelten Methodik.

2.3.5 Die IPCC Methode „Common Methodology“

Eine Studie zur Klimafolgenbewertung der deutschen Nord- und Ostseeküste basiert auf dem methodischen Konzept der „Common Methodology“[38]. Das Ziel dieser Studie ist die Abschätzung der Sensitivität deutscher Küsten, ihrer Bewohner und der Landnutzung gegenüber dem globalen Klimawandel. Da die IPCC Methode schwerpunktmäßig für die internationale Vergleichbarkeit von Auswirkungen des Klimawandels entwickelt wurde, stehen auch in dieser Analyse nur die Auswirkungen aufgrund des steigenden Meeresspiegels im Mittelpunkt. Dabei wird von einer Anstiegsrate von 30cm pro Jahrhundert bzw. von 100cm pro Jahrhundert ausgegangen.

Eine umfassende Vulnerabilitätsanalyse besteht nach dem IPCC-Ansatz aus einer Beschreibung der regionalen Meeresspiegelentwicklung und seiner Auswirkungen, der verfügbaren Reaktionsmechanismen und –möglichkeiten und der Angabe der mittelfristigen (2030) demographischen und ökonomischen Entwicklung des Küstengebietes. Die Prognose der sozioökonomischen Entwicklung der Regionen wurde bisher als kaum kalkulierbar eingeschätzt und ist in dieser vorliegenden Studie auch vernachlässigt worden, obwohl sehr deutlich auf ihre Bedeutung hingewiesen wird. Eine zufriedenstellende Beschreibung von Entwicklungsszenarien scheiterte bislang am „unüberwindlichen Mangel an zuverlässigen Daten“[39]. Vernachlässigt werden damit auch die zu erwartenden Veränderungen gesellschaftlicher Rahmenbedingungen.

Die Studie untersucht das Gefährdungspotential für Menschen, inklusive Land- und Sachwerte in den betroffenen Gebieten sowie resultierende Kosten oder monetär nicht ersetzbare Verluste (z.B. Ökosysteme). Dazu wird eine Gleichverteilung der Einwohner, Arbeitsplätze und der immobilen Werte über die jeweilige Fläche angenommen. Geldwerte werden grundsätzlich nicht diskon-

---

[38] Ebenhöh, Sterr, Simmering, 1997. Die Methode wurde von der Coastal Zone Management Subgroup der IPCC Working Group II Impacts and Adaptations entwickelt.
[39] vgl. ebd., S. 85

tiert. Die föderale Struktur der Bundesrepublik führte bei der Vereinheitlichung der Datenlage zu Schwierigkeiten. Grundsätzlich wird vor einer Interpretation der Ergebnisse auf zu kleiner räumlicher Ebene gewarnt.

Diese deutsche Gefährdungsstudie zeichnet sich u.a. dadurch aus, daß sie alle Daten einschließlich der sozioökonomischen Daten digital aufgenommen hat und mittels des Geographischen Informationssystems für weitere Nutzungen zugänglich gemacht hat.

Folgende Kennziffern wurden aus dem methodischen Konzept der „Common Methodology" ausgewählt und gegebenenfalls entsprechend errechnet:

Betroffene Flächen
Betroffene Flächen wurden auf der Basis topographischer Karten von 1:10.000 ermittelt. Dazu wurden für die Nordsee die Flächen ausgewählt, die zwischen der Küstenlinie und den meerseitig gelegenen Höhenlinien von 5m (Realszenario) bzw. von 10m (Maximalszenario) liegen (Ostsee: 2,5 m bzw. 5m), wobei eventuell höher gelegene Flächen abgezogen wurden. Damit sind die maximal denkbaren landwärtigen Wirkungen erfasst.

Betroffene Bevölkerung
Nach IPCC-Methode handelt es sich um die Bevölkerung in Prozent zur Gesamtbevölkerung, die in der Risikozone lebt und ein Gebiet bewohnt, das ohne Schutzmaßnahmen bei einem Meeresspiegelanstieg von 1m mindestens einmal in 1.000 Jahren von Überschwemmungen/Erosion oder Hochwasser betroffen wäre. Hier wurde der Gefährdungswert von den prozentual betroffenen Flächen abgeleitet, d.h. die Anzahl der Einwohner auf Gemeindeebene wurde mit der prozentual betroffenen Fläche multipliziert und die Absolutzahl ins Verhältnis zur Einwohnerzahl auf Kreisebene gesetzt, um den Anteil zu erhalten (aus den verschiedenen Quellen der Einwohnerzahl lassen sich die unterschiedlichen Prozentzahlen von betroffener Fläche und betroffener Bevölkerung erklären).

Betroffene Arbeitsplätze
Entsprechend der betroffenen Bevölkerung wird hier die Summe aller sozialversicherungspflichtig Beschäftigten auf Gemeindeebene mit der prozentual betroffenen Fläche multipliziert und mit der Anzahl der Beschäftigten auf Kreisebene ins Verhältnis gesetzt.

Gefährdete Bevölkerung
Nach IPCC-Methode geht es hier um die Anzahl der Personen, die von einem Meeresspiegelanstieg betroffen sind, multipliziert mit der Wahrscheinlichkeit

der jährlichen Überflutung des betroffenen Gebietes. Diese Wahrscheinlichkeit beträgt 0,01% für den Nordseeraum. Dieser langfristige Wert für die Deichsicherheit unterstellt eine Überflutungswahrscheinlichkeit von 1:100, d.h. das Eintreffen der ungünstigsten Konstellation einer Jahrhundertsturmflut mit dem Auflaufen einer Springtidewelle zeitgleich mit dem plötzlichen Einsetzen von Orkanwinden aus dem nordwestlichen Sektor, verbunden mit starken Niederschlägen über dem Festland und hohen Abflußspitzen aus dem Binnenland. Zu beachten ist, daß die Überflutungswahrscheinlichkeit bei zunehmenden Meeresspiegelanstieg auch zunehmen wird. Es wird bei einem Anstieg von 1m bis 2100 von einer neuen Überflutungswahrscheinlichkeit von 1:10 ausgegangen, entsprechend ändert sich der Anteil der gefährdeten Bevölkerung im Jahr 2100.

Gefährdete Bevölkerung mit Maßnahmen
Hier werden sukzessive Verbesserungen im Küstenschutz wie Anpassung der Deichhöhen angenommen und vereinfachend unterstellt, daß das Risiko für die Küstenbevölkerung und deren akkumulierte ökonomischen Werte nicht über das derzeit gegebene hinausreichen.

Potentieller Verlust an Sachwerten
Nach IPCC Methode ist dies der Wert von Landflächen und Infrastruktur, der dauerhaft durch Überschwemmung oder Erosion verloren geht. Hier wird die Gesamtsumme aller immobilen Werte untersucht. Die Summe des Sachvermögens setzt sich zusammen aus der Summe des Sachvermögens in allen Wirtschaftsbereichen, der Summe der Werte von Wohnimmobilien, der Summe der Werte von öffentlichem Tiefbau und aus der Summe aus dem Wert der Siedlungs- und Verkehrsfläche sowie der Landwirtschaftsfläche. Die Summe des betroffenen Sachvermögens wird mittels des Prozentsatzes der betroffenen Fläche ermittelt.

Das Sachvermögen der Wirtschaftsbereiche „Landwirtschaft und Forstwirtschaft, Fischerei", „Produzierendes Gewerbe", „Handel und Verkehr", „Dienstleistungsunternehmen" und „Staat, private HH, Unternehmen ohne Erwerbszweck" wird berechnet, indem der jeweilige Kreiswert der Anzahl der sozialversicherungspflichtig Beschäftigten multipliziert wird mit dem an einem Arbeitsplatz eines sozialversicherungspflichtig Beschäftigten im entsprechenden Wirtschaftsbereich gebundenen Sachvermögen. Dieser Bundeswert wird wiederum errechnet durch Dividieren des Sachvermögens des Wirtschaftsbereichs auf Bundesebene durch die Anzahl der sozialversicherungspflichtig Beschäftigten auf Bundesebene.

Die Summe der Werte von Wohnimmobilien wird gewonnen durch Multiplizieren der Zahl der Einwohner (Gemeindewerte) mit dem an einen Einwohner gebundenen Wert an Wohnimmobilien. Dieser Bundeswert wird entsprechend errechnet durch das Verhältnis des Gesamtwertes aller Wohnungen zur Gesamteinwohnerzahl. Wenn der Gesamtwert des öffentlichen Tiefbaus durch die Gesamteinwohnerzahl geteilt und mit der zu betrachtenden Einwohnerzahl multipliziert wird, ergibt sich die Summe der Werte des öffentlichen Tiefbaus.

Der Wert der Siedlungs- und Verkehrsfläche wird gewonnen durch Multiplikation der Siedlungs- und Verkehrsfläche in ha (Gemeindewert) mit den Preisen für baureifes Land (Kreiswert). Zur Ermittlung des Wertes der Landwirtschaftsfläche wird entsprechend die Landwirtschaftsfläche in ha mit den Preisen für Landwirtschaftsfläche ohne Gebäude und Inventar (Kreiswert) multipliziert.

Verlust von Flächen
Gebiete (terrestrische und Feuchtgebiete), die dauerhaft überschwemmt oder erodiert werden.

Verlust von Feuchtgebieten
Die natürlichen Küstenfeuchtgebiete, die verloren gehen oder in ihrer Funktion grundlegend verändert werden.

Schutz- und Anpassungskosten
Kosten für Schutz- und andere Anpassungsmaßnahmen, die zur Erhaltung eines Schutzstandards notwendig sind, der nach einem Anstieg des Meeresspiegels um 1m mindestens den heutigen Sicherheitsstandards für das betroffene Gebiet entspricht.

Die sozioökonomischen Resultate der Studie (s. *Abbildung 7*) weisen auf eine erhebliche Betroffenheit des Landes Bremen hin. Sachwertverluste in Höhe von 151-174 Mrd. DM (80-92%) sind möglich.[40] Erklärbar ist dies durch die ungünstige topographische Lage der Stadt Bremen, die zu etwa 90% tiefer liegt als der örtliche Bemessungswasserstand für die Weserdeiche. Damit ist Bremen einer prozentual dreimal höheren Gefährdung ausgesetzt als der Stadtstaat Hamburg, da dort größere Teile auf dem höheren Geestkomplex liegen.

---

[40] Eigene Analysen werden bei Annahme eines Meeresspiegelanstiegs von 0,55m zu Sachwertverlusten in Höhe von ca. 42% führen (s. 3.2.3.1, *Tabelle 16*).

Die Autoren weisen in diesem Zusammenhang daraufhin hin, daß das vielfältige Gefährdungspotential in den städtischen Räumen Detailstudien erfordert, die einen an Ballungsräume angepaßten Ansatz haben sollten[41].

Abbildung 7: Mögliche Betroffenheit der deutschen Küste bei einem 1m-Meeresspiegelanstiegsszenario[42]

	Niedersachsen	Bremen	Hamburg	Schleswig-Holstein	Mecklenburg-Vorpommern	Gesamt	BRD
Küstenlänge (km)	880 (23,4%)	80 (2,1%)	100 (2,7%)	995 (26,4%)	1.710 (45,4%)	3.765	100%
Gesamtfläche (km²)	47.430	404	755	15.650	23.400	87.640	23,4%
betroffene Fläche (km²) a) bis +10m NN	9.400 (20%)	372 (92%)	227 (30%)	5.062 (33%)		15.061	4,2%
b) bis +5m NN	6.900 (15%)	323 (80%)	150 (20%)	4.000 (26%)	2.210 (9%)	13.583	3,8%
betroffene Bevölkerung	1,46 Mio (19%)	631.000 (92%)	180.000 (11%)	633.000 (23%)	319.000 (17%)	3,22 Mio	3.95%
gefährdete Bevölkerung (1995) (betr. Bev. * W-keit d. Überflutung)	14.600	6.300	1.800	5.600	1.480	29.800	0,03%
gefährdete Bevölkerung in 2100: a) ohne Maßnahmen	146.000	63.000	18.000	45.000	37.000	309.000	0,32%
b) mit Maßnahmen	14.000	7.000	2.060	5.000	2.000	30.000	0,04%
potentielle Sachwertverluste: a) maximal (Mrd DM)	331 (18%)	174 (92%)	75,4 (16%)	165 (24%)	75,2 (17%)	820,6	4,5%
b) Realszenario (Mrd DM)	244 (13%)	151 (80%)	51 (9%)	124 (18%)	80 (9,5%)	650	3%
statist. Sachwertverluste (Mrd DM) (Werte*W.-keit d. Überflutung)	3,3	1,7	0,75	1,5	0,35	7,5	0,05%
VAC: zusätzliche Beeinträchtigung - Zunahme Entwässerungsfläche	+ 50%	+ 10%	?	+ 30%	+ 100%	1-2 Tsd. qkm	
- Zunahme Versalzung	+10%	+10%	-	+10%	+5%	-	-
Verlust von Feuchtgebieten (Watten, Salzwiesen in km²) a) ohne Maßnahmen	1.100 (52%)	-	-	1.250 (45%)	- 45 (-20)	ca. 2.400	-
b) mit Maßnahmen	1.200 (57%)	-	-	1.530 (55%)	110 (50%)	-	-
Küstenschutzkosten (Mio DM): (derzeit jährlich) pro Jahr bis 2100 (geschätzt)	90 120	? 20	60 100	60 90	50 80	> 260 410	
zusätzliche Entwässerungskosten und andere Maßnahmen	+ 50 % ?	----	—	+ 60 % ?	+ 200 % ?		

[41] vgl. Ebenhöh, Sterr, Simmering, 1997, S. 98
[42] vgl. ebd., S. 101

2.4 Defizite bisheriger und Anforderungen künftiger regionaler ökonomischer Klimafolgenforschung

Im folgenden werden die oben erläuterten Studien in einer Matrix den Merkmalen der benutzten Methoden gegenübergestellt (s. *Abbildung 8*), um Defizite identifizieren und Anforderungen an die regionale ökonomische Klimafolgenforschung ableiten zu können.

Abbildung 8: Studien/Methoden – Matrix

Methoden \ Studien*	Qual.	Quant.	ND	BB	S.-H.	W.-M.	N./O.
globale Ausrichtung	+	+					
regionale Ausrichtung			+	+	+	+	+
Verwendung einer regionsspezifischen Klimaprognose			–	–	–	–	–
qualitativer Ansatz	+	–	+	+	–	–	+
Nutzung quantitativer Methoden	–	+	–	–	+	+	+
Beachtung der Interdependenzen zwischen ökonomischen Bestands- u. Stromgrößen		–			–	–	–
Berücksichtigung der Deichbauten		–			+	+	–
Berücksichtigung der regionsspezifischen Landnutzung		–			+	+	–
zeitliche Anpassung der sozioökonomischen Entwicklung an den Zeitraum der Klimaprognose	–	–	–	–	–	–	–
Berücksichtigung sektoraler Interdependenzen	–	–	–	–	–	–	–

* Die Studien entsprechen den oben vorgestellten Fallstudien: Qualitative Analyse einzelner Betroffenheitsbereiche (Qual.), Quantitative Analyse globaler Folgekosten (Quant.), Extremer Nordsommer 1992 im Norddeutschen Raum (ND), Klimaänderung in Brandenburg (BB), Bewertungsgutachten für die potentiell überflutungsgefährdeten Gebiete an den Küsten Schleswig-Holsteins (S.-H.), Bewertungsgutachten für Deichbauvorhaben an der Festlandküste - Modellgebiet Wesermarsch (W.-M.), Klimafolgenbewertung der deutschen Nord- und Ostseeküste (N./O.). Ein + Zeichen symbolisiert die Berücksichtigung der in der Zeile genannten Methode in der jeweiligen Studie, ein – Zeichen bedeutet das Fehlen der Methode und die grau schraffierten Flächen kennzeichnen den Fall, daß die Methode für die Fragestellung der Studie nicht in Frage kommt.

eigene Darstellung

Aus der bisherigen Bestandsaufnahme kann die Notwendigkeit detaillierter, regional abgegrenzter Untersuchungen der ökonomischen Bewertung von Klimafolgen abgeleitet werden.

Der direkte Übergang vom globalen Klimaszenario hin zu ökonomischen Folgen überspringt die spezifischen regionalen klimatischen Änderungen und deren Folgen für die ökologischen, hydrologischen und geographischen Gegebenheiten. Erst nach Analyse dieser Zwischenschritte sind sinnvolle Aussagen zu sozioökonomischen Folgen des globalen Klimawandels für eine Region möglich. Diese Folgen beschränken sich bei den vorgestellten Studien auf die Untersuchung von Bestandsgrößen (Vermögensverluste) und betrachten nicht Änderungen von Stromgrößen (Einkommen und Beschäftigung). Zudem werden sektorale Interdependenzen nicht explizit berücksichtigt.

Globale Ansätze verwischen die regionalen Unterschiede in den sozioökonomischen Verhältnissen (wie z.B. der Landnutzung). Die meist angenommene räumliche Gleichverteilung der Lage klimasensibler Wirtschaftsbereiche bei der Untersuchung von Überflutungsfolgen verkennt die unterschiedliche räumliche Betroffenheit. Großräumige Ansätze ignorieren außerdem vorhandene Deichanlagen bzw. integrieren nicht deren Schutzpotential. Vereinfachend wird die betroffene Überflutungsfläche mit unterschiedlichen Höhenlinien bestimmt.

Da sich Klimaprognosen auf Zeiträume in der Zukunft beziehen, ist es für die Untersuchung der sozioökonomischen Folgen nötig, den gesellschaftlichen Entwicklungszustand entsprechend anzupassen. Dazu gehört auch die Einbeziehung langfristiger sozialer Änderungsprozesse.

2.5 Der integrative Ansatz in der ökonomischen Klimafolgenforschung

Die oben erarbeiteten Anforderungen an eine Methodik werden von dem sogenannten integrativen Ansatz erfüllt. Als Beispiel für die erste integrative Vorgehensweise in der ökonomischen Klimafolgenforschung wird im folgenden auf die in vier US-Staaten durchgeführte „MINK-Studie" eingegangen. Anschließend wird das in der integrativen Methodik weiterführende interdisziplinär angelegte Projekt zur Untersuchung der ökonomischen Folgen eines Klimawandels für die Unterweserregion vorgestellt.

2.5.1 Die integrative Studie "MINK"

MINK steht für die Initialen der US-Staaten Missouri, Iowa, Nebraska und Kansas, die für eine integrative Untersuchung von Klimafolgen auf bestimmte ökonomische Bereiche ausgewählt wurden[43].

Ausgehend von der Überlegung, daß die naturwissenschaftliche Forschung noch nicht in der Lage ist, verläßliche regionalspezifische Prognosen über die Klimaänderung zu leisten und von der Kritik an der (sonst üblichen) Übertragung der Aussagen zur globalen Änderung von Klimaindikatoren auf die Region, wurden die außergewöhnlich heißen und trockenen Jahre von 1931 bis 1940 im Untersuchungsgebiet als Basis für eine Simulation einer Klimaänderung verwendet.

Das Untersuchungsgebiet wurde unter dem Gesichtspunkt ausgewählt, daß die wirtschaftliche Struktur von diesen Klimavariablen besonders abhängig sein sollte, d.h. vorzugsweise von agrarwirtschaftlicher Produktion und Waldwirtschaft gekennzeichnet ist. Zudem sollte ein Einfluß des Ozeans ausgeschlossen werden und einfache geographische Gegebenheiten vorherrschen, folglich beschränkte sich die Studie auf die zentral gelegenen US-Staaten.

Die zu untersuchenden wirtschaftlichen Bereiche wurden vorab auf die von Hitze und Trockenheit am wahrscheinlichsten betroffenen Sektoren Landwirtschaft, Waldwirtschaft, Wasserversorgung/-nutzung und dem Energiesektor eingeschränkt. Um die Interdependenzen zwischen diesen auf Natur-Ressourcen beruhenden Sektoren mit den übrigen Wirtschaftsbereichen erfassen zu können, wurde ein Input-Ouput Modell genutzt, welches den Zustand der Industrie zum Untersuchungszeitpunkt abbildete. Dazu wurde auf ein nationales Modell zurückgegriffen und unter der Annahme, daß die regionale Technologie die gleiche Struktur hat wie die nationale, die Verflechtungsmatrix mit Anpassungen der Produktionskoeffizienten übernommen.

Da die Wirkung einer Klimaänderung auf die wirtschaftliche Struktur der Staaten im Jahre 2030 ermittelt werden sollte - ein Input-Output Modell aber entsprechende Veränderungen nicht abbilden kann und nur eine Matrix der zum Untersuchungszeitpunkt existierenden wirtschaftlichen Verflechtung darstellt -, wurden die Multiplikatoren innerhalb des Modells nach eigenen Überlegungen neu gesetzt. Mit diesem Modell wurden die Auswirkungen auf die Bereiche

---

[43] vgl. Rosenberg et al., 1993

Landwirtschaft, Forstwirtschaft und Energie untersucht, die Wasserversorgung wurde separat analysiert.

Die MINK-Studie versuchte zudem Reaktionen und Anpassungsverhalten der wirtschaftlichen Akteure wie Farmer, Holzfirmen und der Wasserwirtschaftsämter vorherzusagen und bei den Aussagen zu den Folgen einer Klimaänderung auf das regionale Einkommen entsprechend zu berücksichtigen.

Bei der Untersuchung des Energiesektors werden 20-25% als durch Klimaänderung betroffene Bereiche definiert, welche allerdings einen großen Anpassungsspielraum besitzen bzw. sich durch gegenläufige Effekte - wie das Sinken beim Energiebedarf zur Gebäudeheizung und der Zunahme der Kühlung - in etwa ausgleichen. Die Effekte auf die Region werden damit als gering beschrieben. Grundsätzlich wird von einem negativen Effekt der Klimaänderung auf die Ernte in der Landwirtschaft, welche etwa 3% des gesamten Einkommens der Staaten ausmacht, ausgegangen. Der Verlust der regionalen Produktion und des Einkommens wird mit nur 1-2% vor Durchführung von Anpassungsmaßnahmen (z.B. Importe) beziffert. Da sich die Landwirtschaft in der Prognose bis zum Jahr 2030 zudem zurückentwickelt, wird insgesamt eher ein schwacher Effekt auf diesen Wirtschaftsbereich erwartet.

Auch bei der Forstwirtschaft werden negative Effekte erwartet, welche aber angesichts der sehr geringen Bedeutung dieses Sektors im Untersuchungsgebiet für das Einkommen als nicht bedeutend eingestuft werden. Die Folgen des sinkenden Wasserangebots zur Bewässerung der Felder werden zu einer Umstellung der Bewirtschaftung führen oder zu einem veränderten Wanderungsverhalten der Bevölkerung.

Bei diesen Ergebnissen ist zu berücksichtigen, daß im Klimaszenario von einem Temperaturanstieg von „nur“ 0,9C° ausgegangen wurde. Cline versuchte später die Ergebnisse einem für diese Region in naturwissenschaftlichen Klimaänderungsszenarien vorausgesagten Temperaturanstieg von 3,4C° anzupassen und kommt z.B. zu einem dreimal höheren Verlust in der Landwirtschaft[44].

2.5.2 Die interdisziplinäre, integrative Studie "KLIMU"

Das Projekt „Ökonomische Folgen eines Klimawandels in der Unterweserregion“ ist Teil der regionalen, interdisziplinär ausgerichteten Fallstudie „Klimaän-

---

[44] vgl. Cline 1992, S. 95ff.

derung und Unterweserregion (KLIMU)“[45], die querschnittsorientiert die Sensitivität der hydrologischen, ökologischen und sozioökonomischen Strukturen des Natur-, Lebens- und Wirtschaftsraumes Weserästuar gegenüber möglichen Klimaänderungen beschreibt und verschiedene Handlungsoptionen entwickelt.

Das ökonomisch orientierte Teilprojekt erstellt dazu ein integratives methodisches Konzept, welches die Verbindung der natur- und ingenieurwissenschaftlichen Aussagen zur Klimaänderung mit dem ökonomischen System in räumlich und sektoral differenzierter Weise herstellt. Regionalspezifische Wirkungszusammenhänge sind in einer Befragung regionaler Akteure aufgedeckt und Folgen für die sektorale Wirtschaftsstruktur unter Berücksichtigung ihrer Interdependenzbeziehungen analysiert worden. Zudem werden die Veränderungen der sozioökonomischen Verhältnisse der Region berücksichtigt.

Die Ergebnisse aus den naturwissenschaftlichen Teilprojekten liefern in Form verschiedener Szenarien Informationen über die regionale Umweltentwicklung hinsichtlich der Folgen einer klimatischen Veränderung, insbesondere der für die Region wesentlichen Wasserstandsänderung, des Grundwasserspiegels und des Tidehubs. Diese Einflüsse werden als exogen aufgefaßt und mit der endogenen Entwicklung des wirtschaftlichen Systems gekoppelt. Dies erfolgt durch die Simulation der in naturwissenschaftlichen Szenarien enthaltenen Umweltzustände auf Basis der im Modell beschriebenen wirtschaftlichen Zustände der Weserregion.

Sekundärstatistische Auswertungen und Auswertungen von - auch internationalen - Langfristprognosen sind vorgenommen und Studien zu wirtschaftlichen, sektoralen und technologischen Entwicklungen ausgewertet und aufbereitet worden, um die Definition verschiedener Entwicklungspfade zu ermöglichen. Zusätzlich sind die Ergebnisse aus den Befragungen der regionalen Betriebe und Unternehmen, den Vertretern politischer Gruppen, Gebietskörperschaften sowie verschiedener Interessengruppen mit eingeflossen.

Die qualitativen Resultate aus der Befragung sind mit der Bewertung vorhandener Langfriststudien verbunden, um relevante Impaktindikatoren zur Abschätzung wirtschaftlicher Auswirkungen klimatischer Veränderungen identifizieren zu können. Um die Verbindung von Auswirkungen von Klimaänderungen im Sinne exogener Schocks zum wirtschaftlichen System herzustellen, ist eine

[45] Vgl. Elsner und Knogge, 1998 und 2000

Analyse direkter und indirekter Folgen für die besonders gefährdeten Wirtschaftsbereiche und den Unternehmensbestand in der Region hinsichtlich ökonomischer Größen wie Produktion, Einkommen und Beschäftigung etc. vorgenommen worden. Dazu sind Befragungen der regionalen Entscheidungsträger hinsichtlich ihrer Einschätzung von Möglichkeiten für ein prophylaktisches Verhalten erfolgt.

Ein ökonometrisches Regionalmodell mit dem Stützraum von 1970 bis 1996 bildet die Basis für die Simulation der regionalen Entwicklung zunächst ohne und dann mit Berücksichtigung von Klimafolgen. Unter Berücksichtigung gesamtwirtschaftlicher und sektoral differenzierter sowie technologischer und demographischer Trends wird das Modell bis zum Jahr 2040 geführt. Die Datenbasis wird aufgebaut aus Daten des Arbeitskreises Volkswirtschaftliche Gesamtrechnung der Länder, des Statistischen Landesamts und des Statistischen Bundesamts.

Ergänzende Informationen über die Einstellung regionaler Akteure und Institutionen hinsichtlich der Risiken der Klimafolgen sowie deren voraussichtliche Verhaltensreaktionen werden eigenständig betrachtet und in das Modell integriert. Die Prognosen werden nach verschiedenen Entwicklungspfaden differenziert durchgeführt.

2.6 Methodische Elemente einer ökonomischen Folgen-Analyse des globalen Klimawandels für eine Region

Mit der anhand zweier Beispiele dargestellten integrativen Methodik können die Leerstellen in der oben entwickelten Matrix bisheriger Studien und ihrer methodischen Merkmale - wie in *Abbildung 9* dargestellt - ergänzt werden.

Im Vergleich zur MINK-Studie werden im Projekt „Ökonomische Folgen des Klimawandels in der Unterweserregion" neben der Temperatur und dem Niederschlag auch weitere Klimaindikatoren untersucht und deren Wirkung zunächst von Natur- und Ingenieurwissenschaftlern simuliert.

Damit geht diese Studie sowohl von regionalspezifischen Gegebenheiten hinsichtlich naturwissenschaftlicher Aussagen zur regionalen Klimaänderung und ihren Folgen auf Hydrologie und Ökologie aus, als auch bei der Untersuchung überflutungsgefährdeter Gebiete von den geographischen Besonderheiten der Region.

Abbildung 9: Erweiterte Studien/Methoden – Matrix

Studien* / Methoden	Qual.	Quant.	ND	BB	S.-H.	W.-M.	N./O.	MINK	KLIMU
globale Ausrichtung	+	+							
regionale Ausrichtung			+	+	+	+	+	+	+
Verwendung einer regionsspezifischen Klimaprognose			–	–	–	–	–	+	+
qualitativer Ansatz	+	–	+	+	–	–	+	+	+
Nutzung quantitativer Methoden	–	+	–	–	+	+	+	+	+
Beachtung der Interdependenzen zwischen ökonomischen Bestands- u. Stromgrößen		–			–	–	–	–	+
Berücksichtigung der Deichbauten		–			+	+	–		+
Berücksichtigung regionsspezifischer Landnutzung		–			+	+	–	–	+
Integrativer Ansatz	–	–	–	–	–	–	–	+	+
zeitliche Anpassung der sozio-ökonomischen Entwicklung an den Zeitraum der Klimaprognose								+	+
Berücksichtigung sektoraler Interdependenzen								+	+
Berücksichtigung von Anpassungsverhalten								+	+
Simulationen mit einem erklärenden Modell								–	+
Interdisziplinarität								–	+

*Die Abkürzungen entsprechen den Studien, wie in *Abbildung 8* erläutert. MINK stellt die MINK-Studie dar; KLIMU steht für das Projekt Analyse ökonomischer Folgen einer Klimaänderung in der Unterweserregion.

eigene Darstellung

Neben einer Bestandsrechung werden dort aber auch die Folgen für Stromgrößen wie Einkommen und Beschäftigung anhand eines regionalisierten ökonometrischen Modells analysiert, wobei sektorale Interdependenzen berücksichtigt werden. Während die MINK-Studie also ein statisches Input-Output-Modell benutzt, kann in der Studie zur Unterweserregion der zukünftige wirtschaftliche Strukturwandel mit Hilfe des erklärenden ökonometrischen Modells abgebildet werden.

Somit bleibt insgesamt festzustellen, daß die Methodik des Projekts zur Analyse der ökonomischen Folgen eines Klimawandels in der Unterweserregion als innovativ in der Methodik der regionalen interdisziplinären Klimafolgenforschung gelten kann. Nachfolgend werden die methodischen Herausforderungen und die Lösungen als elementare Bausteine dieser Methodik ausführlicher beschrieben.

2.6.1 Zur Notwendigkeit quantitativer Prognosen ökonomischer Entwicklungen: Ökonometrische Modelle

Der Herausforderung der dynamischen Analyse von Klimafolgen für eine zukünftige Gesellschaft kann mit ökonometrischen Modellen begegnet werden, da diese neben ihrem Erklärungscharakter und damit der Möglichkeit von Politiksimulationen auch gleichzeitig Prognosemodelle darstellen.

Die Datenanalysen von W.S. Jevons sind vielleicht als erste interdisziplinär angelegte ökonometrische Untersuchungen zu bezeichnen: In den siebziger und achtziger Jahren des 19. Jahrhunderts hat er Schwankungen der Sonnenaktivität als Erklärung für Konjunkturzyklen herangezogen. Zumindest methodisch sind diese Arbeiten reizvoll, da sie Erscheinungen aus dem ökonomischen und natürlichen System verbinden und zumindest einen statistischen Zusammenhang herstellen.[46]

Strukturelle makroökonometrische Modelle waren seit Ende der 40er und Anfang der 50er Jahre des letzten Jahrhunderts ein dominierender Ansatz, bis sie etwa Mitte der 70er Jahre in die Kritik gerieten. Diese Kritik bezog sich auf die hohen Erwartungen, die mit diesem Analyseinstrument verbunden waren - speziell auf die mangelnde Prognosefähigkeit - und war durch die Nichtvorhersage von Strukturveränderungen wie z.B. der sogenannten Ölkrise geleitet. Regionalisierte Modelle sind in Deutschland im Vergleich zu den nationalen Modellen unterrepräsentiert, so daß die Analyse mit Hilfe eines *regionalen* ökonometrischen Modells noch eine seltene Methodik darstellt.

Für die Aufgabenstellung dieser Arbeit muß zunächst ein regionales Modell spezifiziert werden, welches die Verbindung zwischen dem Klimaszenario und der ökonomischen Prognose erlaubt. Idealerweise werden die sich daraus ergebenden Anforderungen schon beim Modellbau berücksichtigt. Dazu müßte zunächst ein Modellkonzept entworfen werden, das ungeachtet methodischer

---

[46] vgl. Deistler, 1999, S. 112

oder Datenprobleme die Schnittstellen aufzeigt und Input- sowie Output-Variablen bezeichnet. Damit wird aus einem rein ökonomischen Modell ein interdisziplinär ausgerichtetes Modell, welches entweder die Verbindung zwischen der Änderung von Klimaparametern und der Änderung ökonomischer Größen endogenisieren kann oder aber diese Schnittstellen aus Berechnungen eines eigenen Modellmoduls entnimmt, welches z.B. ein rein naturwissenschaftliches Modell darstellt. Dieses würde etwa als Input-Variablen Indikatoren wie Temperaturänderung und Niederschlagsraten benötigen und zu Output-Variablen wie Ertragsänderungen der Land- und Forstwirtschaft führen.

Die oben beschriebenen integrativen Modelle lösten dieses Problem, indem sie naturwissenschaftliche Modelle mit ökonomischen Modellen als getrennte Module über einzelne Größen (meist die Temperatur) koppelten. Die Vernetzung der Disziplinen kann aber auch über Transfermatrizen erreicht werden. Diese bilden eine Schnittstelle zwischen der Änderung rein naturwissenschaftlicher Größen und ökonomischer Variablen. Diese Methode eignet sich besonders dann, wenn ein regionalökonomisches Modell schon vorliegt und keine ausreichend spezifizierten naturwissenschaftlichen Module zur Verfügung stehen.

2.6.2 Zum Umgang mit der Unsicherheit von Prognosen des Klimawandels: Die Szenariotechnik

Das Phänomen des Klimawandels wird von der IPCC nach verschiedenen Emissions-Pfaden aufgeschlüsselt. Damit gehen die Forscher zunächst von einer Bandbreite potentieller Situationen aus, welche sie als Szenarien beschreiben. Ursprünglich diente diese Methode zur Prognose nichtlinearer Verläufe und unberechenbarer Ergebnisse und wurde in den 50er und 60er Jahren entwikkelt.[47] Mittlerweile dienen Szenarien mehr als Entscheidungshilfen und sollen gerade in der Klimaforschung Entwicklungskorridore mit einer großen Zeitspanne auffächern.

Zu unterscheiden sind normative Szenariostudien, bei denen ein gewünschtes Zukunftsbild vorgeben wird und explorative Studien, welche von denkbaren Entwicklungspfaden ausgehen, um die entsprechenden Zukunftsbilder zu skizzieren. Die Studie "Grenzen des Wachstums"[48] für den Club of Rome hat die Methode der Szenarienentwicklung gerade für die Problematik der Unsicherheit in der langfristigen Gesellschaftsentwicklung angewandt und - wenn auch unfreiwillig - so doch die Problematik solcher Szenarien dokumentiert.

---

[47] vgl. Kahn und Wiener, 1971
[48] vgl. Meadows, et al., 1972

Sozioökonomische Szenarien bestehen aus Aussagen zur Entwicklung der Bevölkerung, des Staates und der Ökonomie. Dazu gehören Indikatoren wie die Altersstruktur in der Bevölkerung, das Bruttosozialprodukt, die Einkommensverteilung, die Entwicklung der Gesetzgebung und der Kultur wie auch Veränderungen der Landnutzung und der Wasserverwendung. Für eine Wirkungsanalyse sollten die Indikatoren speziell zum Kontext passen, d.h. bezogen auf Klimafolgen in bestimmter Weise schon klimasensitiv sein.[49]

Bei der Kopplung des Klimaszenarios und des sozioökonomischen Szenarios sind vier verschiedene Kombinationsmöglichkeiten zu unterscheiden (s. *Abbildung 10*). Ausgehend von der aktuellen Situation für das Klima und für die Gesellschaft können Wirkungen des Klimaszenarios auf die aktuelle Gesellschaft analysiert werden, um Folgen des Klimawandels in einem ersten Schritt einschätzen zu können (im folgenden *primäre* Klimafolgen genannt). Um das Klimaszenario mit der zukünftigen Gesellschaftssituation zu koppeln, sind Veränderungen in den klimasensitiven Bereichen der Gesellschaft zu berücksichtigen. Mit Hilfe eines dynamischen Modells können dann auch Auswirkungen auf Größen wie Beschäftigung und Einkommen analysiert werden. Die Auswirkungen der Klimaänderung auf eine künftige Gesellschaft werden im weiteren Textverlauf als *sekundäre* Folgen bezeichnet.

Abbildung 10: Möglichkeiten zur Szenario-Kombination[50]

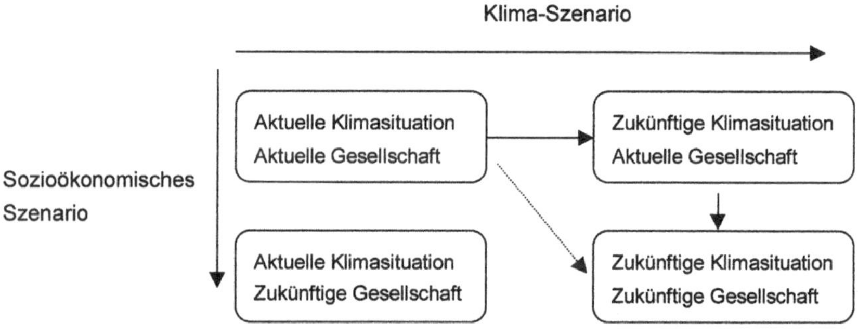

[49] vgl. Tol, 1998, S. 4ff.
[50] Nach der Übersicht in Tol, 1998, S. 10

Allerdings stellen Szenarien im Gegensatz zu Prognosen nicht die *wahrscheinlichsten,* sondern "nur" *mögliche* Zukünfte dar: Zukünfte, die wohl nie so eintreten werden, wie sie formuliert wurden. Ökonometrische Modelle können hingegen aussagefähige Prognosen für einen Zeitraum, der dem Stützzeitraum für die Schätzung der Koeffizienten entspricht, leisten.[51] Damit sind quantitativ konsistente Entwicklungsverläufe einzelner Variablen gegeben, und es sind die Folgen des Klimawandels auch für Stromgrößen wie Beschäftigung und Bruttoinlandsprodukt identifizierbar. Diese Arbeit wird deshalb zwar von einem Klimaszenario ausgehen, aber die Folgenanalyse nicht mit *sozioökonomischen Szenarien* durchführen, sondern mit *quantitativen Prognosen.*

2.6.3 Die Vernetzung zwischen den Disziplinen: Transfermatrizen als heuristisches Instrumentarium

Um die möglichen Wirkungen von Umweltschocks auf die ökonomische Struktur zu beschreiben, sind zunächst Schnittstellen zwischen ökonomischen Aktivitäten und dem ökologischen System zu identifizieren. Dazu hilft eine grundsätzliche Betrachtung der Funktionsweisen des Naturhaushaltes, aus denen sich Dienstleistungen für das sozioökonomische System ableiten lassen. Diese können je nach Besonderheiten des zu untersuchenden Ökosystems näher spezifiziert werden.

2.6.3.1 Funktionen und Dienstleistungen als Schnittstellen zwischen Naturhaushalt und Ökonomie

Das sozioökonomische System kann als Teilsystem des ökologischen Systems angesehen werden. Das Ökosystem dient dabei nicht nur als Quelle für natürliche Ressourcen und als Senke für Abfälle, sondern stellt bestimmte Funktionen und Dienstleistungen zur Verfügung (s. *Abbildung 11*).

Primäre Funktionen erlauben die Selbstorganisation von Ökosystemen (Fähigkeit sich zu entwickeln und ihre Funktionen – selbst bei exogenen Schocks - aufrecht zu erhalten). Aus ihnen ergibt sich die Möglichkeit für sekundäre Naturhaushaltsfunktionen (Produktionsfunktionen, Trägerfunktionen und Informationsfunktionen), verschiedene Dienstleistungen für das sozioökonomische System zur Verfügung zu stellen. Um Abhängigkeiten und Möglichkeiten des ökonomischen Systems für spezielle Regionstypen festzustellen, müssen somit zunächst die Naturhaushalts-Funktionen der mit diesen Typen verbundenen Ökosysteme spezifiziert werden.

---

[51] vgl. Menges und Diehl, 1965, S. 27f.

Im folgenden wird die Verwendung der Naturhaushaltsfunktionen zur Aufdeckung von Schnittstellen zwischen Ökonomie und Naturhaushalt am Beispiel von Küstengebieten verdeutlicht.

Abbildung 11: Funktionen des Naturhaushaltes[52]

Art der Funktionen			Charakteristika
Primäre Naturhaushaltsfunktionen			
	Regulierungsfunktionen		Regulierungsfunktionen sorgen für die Umweltbedingungen, die dafür notwendig sind, daß die anderen Funktionen aufrecht erhalten werden und damit ökonomische Nutzen bereitstellen können. Eine Beeinträchtigung und Störung dieser Funktionen führt zu Schäden für das ökonomische System.
		Klimaregulierung	
		Erosionsvermeidung / Bodenschutz	
		Speicherung und Recycling von organischer Materie und Mineralien	
		Erhaltung biologischer Vielfalt	
Sekundäre Naturhaushaltsfunktionen			
	Produktionsfunktionen		Abiotische und biotische Ressourcen, die natürliche oder halb natürliche Ökosysteme zur Verfügung stellen. Bei der Nutzung von biotischen Ressourcen besteht häufig die Gefahr der Übernutzung.
		Sauerstoff	
		Wasser für Haushalte und Industrie	
		Genetische Ressourcen	
		Ornamentale Ressourcen	
	Trägerfunktionen		Die Nutzung der Trägerfunktionen ist häufig exklusiv, so daß andere Funktionen verloren gehen.
		Erhaltung von Raum als Grundlage für Siedlungen, Landwirtschaft, Naturschutz, Erholungsaktivitäten, etc.	
	Informationsfunktionen		Die natürliche Umwelt bietet eine Umgebung für künstlerische Inspiration, Erholung, Forschung und Erziehung. Diese Funktionen können von der unberührten Natur, aber zum Teil auch von Parks und Gärten erfüllt werden.
		Ästhetische Informationen	
		Spirituelle / religiöse Informationen	
		Künstler. / kulturelle Inspiration	
		Wissenschaft und Erziehung	

2.6.3.2 Naturhaushalts-Funktionen von Küstengebieten

Küstengebiete[53] bilden einen Teil des natürlichen und kulturellen Erbes und stellen für die wirtschaftliche und soziale Entwicklung eine bedeutende Basis dar. Küstenzonen umfassen die natürlichen (Teil-)Systeme (hydrologische,

[52] nach Rothgang, 1997, S. 61

[53] Küste wird hier definiert als "...der Streifen von Land und benachbartem Meeresraum (Wasser und Meeresboden), in dem terrestrische Prozesse und Nutzungen direkt die marinen Prozesse und Nutzungen beeinflussen und umgekehrt.", Sterr, 1993, S. 8

chemische, biologische und geologische), naturlandschaftliche Elemente (wie Küstengewässer, Lagunen, Strände, Deltas und Ästuare) sowie gesellschaftliche Systemelemente (wie spezifische Formen von Siedlungen, landwirtschaftliche Produktion und Fischerei).

Die jahrhundertelange Besiedlung der Küstengebiete habt eine eigene handelsorientierte und nach außen gerichtete Kultur in den küstennahen städtischen Gebieten hervorgebracht. Handel und Verkehr, Fischerei, Tourismus und Ausbeutung mineralischer Ressourcen lassen die wichtige wirtschaftliche Bedeutung von Küstengebieten erkennen. Die Schnittstelle zwischen Meer und Land bietet verschiedensten Lebensformen besondere Umweltbedingungen, so daß an der Küste gelegene Ökosysteme eine hohe biologische Vielfalt aufweisen.

Küstenzonen sind aber auch besonderen Gefährdungen ausgesetzt: Schadstoff- und Nährstoffeinträge aus Flüssen bedingen Eutrophierung; Erosion und Abrasion an der Küste führen zu Landverlusten und zu einschneidenden Landschaftsveränderungen; zunehmender Fremdenverkehr und die Konzentration menschlicher Besiedlung auf Küstengebiete verstärken den Druck auf die natürliche, ländliche und städtische Umwelt; Klimaänderungen führen zu einem Anstieg des Meeresspiegels und zu einer Häufung von extremen Wetterereignissen wie Sturmfluten.

Nach obigem Schema können spezifische Naturhaushalts-Funktionen von Küstenlandschaften herausgearbeitet werden (s. *Abbildung 12*). Die Regulationsfunktionen bestehen in der Organisation verschiedenster Kreisläufe und Austauschvorgänge sowie der Erhaltung von Lebensräumen und damit auch der Artenvielfalt. Küstenlandschaften produzieren Trink- und Brauchwasser, Nahrung, Rohstoffe etc. Durch ihr Angebot an Raum und Ressourcen sichert die Küste in ihrer Trägerfunktion Besiedlung, Fischerei und Landwirtschaft sowie Verkehr und Tourismus, aber auch die Möglichkeit, als Senke genutzt zu werden. Weiterhin bietet die Küstenregion ästhetische und historisch-kulturelle Informationen und einen eigenen Wert für erzieherische und wissenschaftliche Tätigkeiten.

Zur Beschreibung des Zustandes bzw. der Zustandsänderung dieser Funktionen von Küstenräumen werden ökologische und sozioökonomische Indikatoren genutzt. Ökologische Indikatoren sind für die Einschätzung der Regulations- und der Produktionsfunktionen (wie etwa bestimmter Tierarten als Bioindikatoren) sowie für die Trägerfunktionen geeignet, um dazu soziale und ökonomische Indikatoren in Beziehung setzen zu können (etwa Größe der landwirtschaftlich nutzbaren Fläche in Bezug auf die Anzahl der Betriebe oder der beschäftigten Personen). Auch für die Informationsfunktionen sind ökologische Indikatoren hilfreich, die um sozioökonomische Indikatoren zur Beschreibung dieser Funktionen ergänzt werden können (z.B. Anzahl von Besuchern).

Abbildung 12: Naturhaushalts-Funktionen von Küstenlandschaften[54]

Ausprägung der Funktionen	
Primäre Naturhaushaltsfunktionen	
	Regulierungsfunktionen
	- Regulation der lokalen Energie- und Stoffbilanz - Regulation der chemischen Zusammensetzung von Wasser und Sediment - Regulation des Wasseraustausches zwischen Land und Meer - Speicherung bzw. Verteilung von Nährstoffen und organischer Substanz - Regulation der biotischen Nahrungsnetze - Nähr- und Schadstoff-Filterung - Erhaltung von Lebens- und Aufwuchsräumen - Erhaltung der Artenvielfalt
Sekundäre Naturhaushaltsfunktionen	
	Produktionsfunktionen
	- Produktion von Trink- und Brauchwasser - Produktion pflanzlicher und tierischer Nahrung - Produktion von Rohstoffen, Baumaterial etc. - Produktion biologisch-genetischer Ressourcen
	Trägerfunktionen
	- Raum- und Ressourcenangebot für menschliches Leben und Wohnen - Siedlung - Fischerei und Aquakultur - Landwirtschaft - Energienutzung - Tourismus und Erholung - Transport und Verkehr - Industrie - Senke - Naturschutz
	Informationsfunktionen
	- Ästhetische Information - Historisch-kulturelle Information - Erzieherische und wissenschaftliche Funktion

[54] nach Sterr, 1997, S. 89

Bei der Analyse der Auswirkungen exogener Einwirkungen (hier Änderung von Klimaparametern) werden die Indikatoren als Kriterien zum Vergleich des neuen Zustandes mit dem Basis-Zustand genutzt. Falls dieser Vergleich auf einer vereinheitlichten Grundlage monetärer Größen erfolgen soll, wird eine Monetarisierung mittels spezifischer Evaluierungsmethoden vorgenommen[55].

An der Studie zur Unterweserregion sind verschiedene Teilprojekte beteiligt, die Auswirkungen in ihrer jeweiligen Disziplin, d.h. im Bereich der Ökologie, der Wasserwirtschaft, des Küstenschutzes und der Ökonomie nachvollziehen. Für die Analyse ökonomischer Folgen besteht Bedarf an einer Übersetzung der von den anderen Teilprojekten erbrachten Folgewirkungen in Indikatoren, die die Beeinflussung ökonomischer Aktivitäten beschreiben können. Dazu wird aus einer Studie zur Vulnerabilität der deutschen Nord- und Ostseeküste hinsichtlich eines klimabedingten Meeresspiegelanstiegs[56] die Idee von Wirkungsmatrizen aufgegriffen. Die Studie hat die Nutzungsfunktionen der Küstenzonen nach flächenmäßiger bzw. monetärer Bedeutung für die Flächenländer Niedersachsen, Schleswig-Holstein und Mecklenburg-Vorpommern und für die Stadtstaaten Hamburg und Bremen gruppiert. Dies führt zu einer Vorauswahl der von den Funktionen betroffenen Wirtschaftssektoren. Im weiteren Schritt der Untersuchung wurde dann eine qualitative Wirkungsmatrix der klimabedingten Auswirkungen auf Sektoren der Küstennutzung aufgestellt (s. *Abbildung 13*; eingeklammerte Kreuze deuten auf einen Wirkungszusammenhang, der nicht für alle Teile des Sektors gegeben sein muß).

Ausgehend von Naturhaushalts-Funktionen, die speziell von den besonderen Eigenschaften des Untersuchungsgebietes (hier Küstenlandschaften) ausgehen, können somit zunächst für die Region Wirtschaftsbereiche ermittelt werden, die von diesen Naturhauhaltsfunktionen abhängen bzw. diese nutzen. Die Definition von ökologischen Indikatoren zur Beschreibung dieser Funktionen ist dann zu vergleichen mit der Liste der zu untersuchenden Einflußfaktoren (hier: Klimaparameter). Daraus kann eine Matrix als Gegenüberstellung der betroffenen Wirtschaftsbereiche mit den Klimaparametern erstellt werden, um mögliche Wirkungszusammenhänge deutlich zu machen ohne dabei schon auf die Art und Weise bzw. auf die Ausrichtung und Stärke dieser Verbindungen eingehen zu müssen.

[55] siehe die Übersicht ökonomischer Bewertungsansätze für den ökonomischen Nutzen von Küstenzonen in Turner und Adger, 1996, S. 20
[56] Ebenhöh; Sterr; Simmering, 1997

Da die Vulnerabilitäts-Studie allerdings eine Gesamtübersicht über den Nord- und Ostseeraum geben will, wurde die detaillierte Differenzierung betroffener Sektoren nicht weiter verfolgt. Auch die Matrix der klimabedingten Wirkungen wurde nur eingeschränkt interpretiert, da sich die Studie auf Überflutungsfolgen beschränkt.

Diese angefangene Gruppierung klimasensitiver Wirtschaftsbereiche wird im folgenden weiter vertieft. Dabei bildet die bisherige Auswahl die erste Orientierung für die Zusammenstellung regionaler Akteure, die in einer Befragung berücksichtigt werden sollen.

Abbildung 13: Transfermatrix klimabedingter Wirkungen auf Sektoren[57]

Impakts / Sektoren	Sturm-fluten	Binnen-hoch-wasser	Salzwasser-intrusionen	Erosion	Sediment-änderungen	Stürme	Trophierungs-grad
Bebauung	X	X		X		X	
Landwirtschaft	X	X	X	(X)			
Tourismus	X			X		X	X
Schiffahrt	X	X			X	X	
Hafenwirtschaft	X	X					
Industrie	X	(X)		(X)			(X)
Fischerei					X		X
Wasser-wirtschaft	X	X	X				X
Versicherungen	X	X		X		X	
Abbau mineral. Rohstoffe	(X)			X	X		
Energie	X	X				X	
Küsten-Ökosys-teme	X	X	X	X	X	X	X

2.6.4 Identifikation der betroffenen Wirtschaftsbereiche: klimasensitives Clustering

Die Landwirtschaft, Forstwirtschaft und die Fischerei sind typisch klimaabhängige Wirtschaftsbereiche, die auch in ökonomischen Klimafolgenuntersuchungen schwerpunktmäßig bearbeitet werden. Andere Bereiche sind nicht so offensichtlich von Klimadaten abhängig und daher auch aus den üblichen Statistiken nicht zu identifizieren. Zur Identifikation dieser klimasensitiven Wirtschaftsbereiche bietet sich das Verfahren des Clustering an.

---

[57] ebd., S. 87

Durch begleitende Expertengespräche wird eine für Variationen von Klimaparametern besonders sensitive Gruppe von Wirtschaftssektoren in Cluster zusammengefaßt. Innerhalb des Projekts KLIMU gelten als Experten einerseits die Wissenschaftler aus den verschiedenen am Projekt beteiligten Teildisziplinen sowie der Beirat des Projekts, der sich u.a. aus Repräsentanten verschiedener Verbände (Deichverband, Wasser- und Bodenverband), der Industrie- und Handelskammern, des Deutschen Gewerkschaftsbundes, der Geschäftsstelle der Gemeinsamen Landesplanung Bremen/Niedersachsen, der Landwirtschaftskammer, des Senators für Wirtschaft und des Senators für Umweltschutz und der Wasser- und Schiffahrtsämter zusammensetzt.

Der Begriff Clusteranalyse wird in der Statistik zum einen für ein statistisches Verfahren zur Klassifizierung von Merkmalsträgern, zum anderen speziell in der Regionalökonomie bei der Untersuchung regionaler Branchenkomplexe verwendet.

Das statistische Verfahren faßt Objekte nach Ähnlichkeit in dem Cluster und Unterschieden zwischen den Clustern zusammen. Das Verfahren führt zur Datenreduktion und damit zu einer übersichtlichen Ausgangsbasis für weitere Analysen. Merkmalsträger mit inhomogenen Merkmalen werden zu homogenen Gruppierungen klassifiziert. Dazu werden die Objekte iterativ zu immer größeren Clustern zusammengefaßt, wobei die kleinsten Abstände zwischen den Objekten als Auswahlkriterium dienen.

Die regional- und industrieökonomische Analyse von Unternehmen und Clustern nach Porter[58] bezieht sich auf die Untersuchung der Verflechtungen zwischen einzelnen Branchen und ihrer Einbindung in ein gemeinsames Regulierungsregime zur Stärkung der technologischen und wirtschaftlichen Wettbewerbsfähigkeit. Dabei ergibt sich die Klassifizierung über vorgegebene Selektionskriterien. In der Definition von Elsner[59] sind Cluster Gruppen von Produktions- und Dienstleistungsunternehmen, die horizontal und/oder vertikal in funktionaler Weise (d.h. marktlich bedingt) verbunden sind. Sie ermöglichen z.B. die beschleunigte Diffusion von Innovationen und stellen in der Regel eine regionale Exportbasis dar.

Die Identifikation eines Clusters von Wirtschaftssektoren, soweit sie Zuliefer- und Abnehmerbeziehungen darstellen, kann typischerweise von Input-Output-Matrizen abgelesen werden. Diese erfassen funktionale Cluster-Beziehungen,

---

[58] vgl. Porter, 1990
[59] vgl. Elsner, 2000, S. 413

liegen jedoch auf regionaler Ebene meist nicht vor. Cluster wiederum, die eine weit gestreute Branchenverflechtung aufweisen, sind mit der üblichen Systematik der Wirtschaftszweige nicht vollständig abbildbar. Eine solche Systematik erlaubt zwar eine institutionelle (sektorale) Analyse, kann jedoch z.B. die intraindustrielle Tertiarisierung nicht gesondert ausweisen.

Um diese Lücke zu schließen, kann ergänzend die funktionelle Beschäftigungsstatistik herangezogen werden. Dazu wird die Statistik der sozialversicherungspflichtig Beschäftigten in ihrer institutionellen wie auch in ihrer funktionellen Gliederung in Matrixform gegenübergestellt, um dann mittels einer Sonderauswertung entsprechend relevante Bereiche zu identifizieren[60].

Angesichts der Erfordernisse dieser Studie wird im folgenden das Clusterverfahren aber nur als eine qualitative, heuristische Vorgehensweise mit Hilfe von Expertenurteilen verstanden, wobei die zu klassifizierenden Merkmalsträger einerseits Wirtschaftssektoren und andererseits Unternehmen sind. Quantitative Aussagen, die sich aus einer an den entsprechenden Clustern orientierenden Befragung ergeben, werden in institutioneller Gliederung aufbereitet und mittels des regionalen ökonometrischen Modells[61] weiter untersucht.

Der Begriff "Cluster" wird hier also für die Gruppierung von Wirtschaftsbereichen mit gemeinsamen "funktionalen" Eigenschaften in Bezug auf das natürliche System verwendet. Dazu wird weiter unterschieden zwischen einem *räumlichen Cluster* und einem *sektoralen Cluster*. Das räumliche Cluster umfaßt ausschließlich die überflutungsgefährdeten Wirtschaftsbereiche, während das sektorale Cluster Wirtschaftsbereiche definiert, die in ihrer Produktion von Klimagrößen wie Temperatur und Niederschlag beeinflußt werden. Zudem existiert ein weiteres Cluster von Sektoren, welche zur Minderung von Klimafolgen frühzeitige Investitionen vor allem in lokale Schutzmaßnahmen tätigen würden (*investierendes Cluster*).

Die Definition der jeweiligen Cluster führt dann auch zur entsprechenden Anpassung und Erweiterung des ökonometrischen Modells.

---

[60] vgl. Kirchhoff und Elsner, 1997

[61] vgl. Bartsch, 1999

3 Ökonomische Klimafolgen für die nordwestdeutsche Küstenzone und Handlungsempfehlungen

3.1 Identifikation und Bewertung des relevanten Beziehungsgeflechts zwischen Klimawandel und Wirtschaftsstruktur der Unterweserregion

3.1.1 Die ökonomische Bedeutung der Küstenzone: Geographische Eingrenzung und Bemerkungen zum ökonomischen Status-quo

Für die Untersuchung wurden alle Gemeinden unterhalb des Weserwehrs ausgesucht, die einen Teil ihres Gebietes in der Wesermarsch bzw. an den wichtigsten Nebenflüssen der Weser haben (s. *Abbildung 14*). Die Gemeinden liegen in den Bundesländern Bremen und Niedersachsen sowie in den Landkreisen Wesermarsch, Cuxhaven und Osterholz-Scharmbeck (allerdings gehört keiner dieser Landkreise vollständig zum Untersuchungsgebiet).

Die Gebiete der Gemeinden links der Weser (mit Ausnahme des isolierten Geestkerns) liegen vollständig in der Wesermarsch. Größte Teile der Gemeinden auf der rechten Weserseite haben neben einem Marschanteil auch Moor- und vor allem Geestanteile. Raumübergreifende Verflechtungen erweitern im Bedarfsfall das Untersuchungsgebiet auf die gesamten Landkreise Wesermarsch, Diepholz, Verden, Osterholz und Cuxhaven sowie auf Delmenhorst und Oldenburg.

Damit wird ein weiträumiges Gebiet umfaßt, welches Bestandteil des Raumes der Gemeinsamen Landesplanung Bremen/Niedersachsen (GLP) darstellt. Die GLP umfaßt weiterhin die Landkreise Ammerland, Cloppenburg, Oldenburg und Vechta. Bei der Betrachtung des Untersuchungsgebietes mit dem Kooperationsraum hinsichtlich der wirtschaftlichen Ausprägung sind somit ähnliche Beobachtungen festzustellen.

Abbildung 14: Karte des Untersuchungsgebiets Unterweserregion

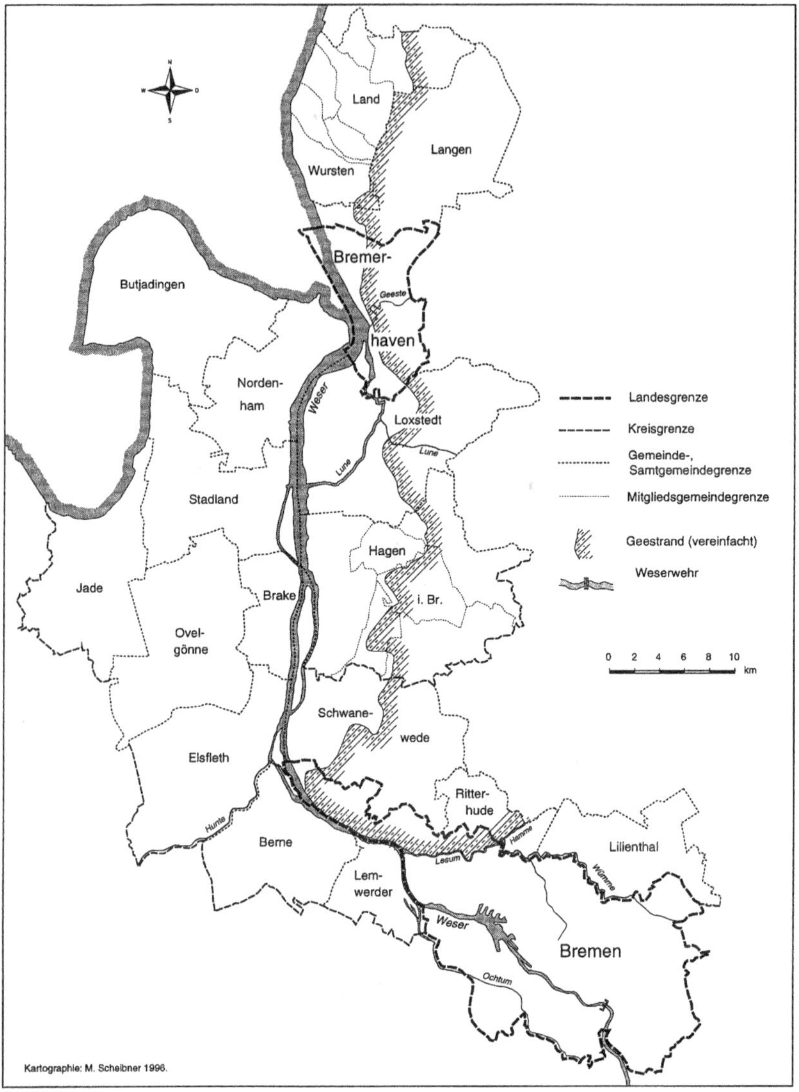

Das Konzept für eine regionale Infrastrukturpolitik im Raum der GLP machte in dieser Region drei Entwicklungsphasen in der Strukturentwicklung deutlich:[62]

- Bis Mitte der 80er Jahre ist zunächst eine eher unterdurchschnittliche Entwicklung bei bestimmten Indikatoren (Bevölkerung, Bruttowertschöpfung je Einwohner, Zahl der sozialversicherungspflichtig Beschäftigten, Arbeitslosenquote) festzustellen, was eine Abkopplung vom bundesdeutschen (alte Bundesländer) Entwicklungstrend bedeutet;
- Ab 1986 führte eine Aufholtendenz dazu , daß es
- Anfang der 90er Jahre (Öffnung der Grenzen zum Osten) zu einem Entwicklungsschub in der Region kam, wobei sich einige Indikatoren (Bevölkerungs- und Beschäftigungsentwicklung) deutlich besser als der westdeutsche Durchschnitt präsentieren.

Für Bremen - als Oberzentrum der Region – war rückblickend allerdings bis Mitte der 90er Jahre gemessen am Bruttoinlandsprodukt ein deutliches Zurückbleiben hinter der Bundesentwicklung zu erkennen, erst in der zweiten Phase bis zum Jahr 2000 erzielte Bremen dann durchschnittlich leicht höhere Zuwachsraten als der Durchschnitt der alten Bundesländer.[63]

Die Unterweserregion weist spezifische längerfristige Strukturprobleme auf, die sich durch die besondere wirtschaftsgeographische Randlage sowie durch die Raumstruktur ergeben (Elsner et al. 1995[64]; Elsner 1996[65]). Die damit verbundene geringe Siedlungsdichte begrenzt das notwendige räumlich konzentrierte Nachfragepotential. Die natürliche Heterogenität des Unterweserraums zwischen Küste und Mittelgebirgsrand wird unterstützt durch die verwaltungsmäßige Zersplitterung in Stadtstaat und Flächenland sowie in Regierungs- und Kammerbezirke mit überwiegend außerhalb der Region liegenden Bezirksverwaltungen.

Der Unterweserraum ist in Bezug auf seine niedersächsischen Teile als ländlich-peripher und als altindustrialisiert in Bezug auf Bremen zu bezeichnen. Er ist der Kategorie intermediärer Regionen zuzuordnen, also nicht zu den Regionen mit höchstem regionalen Kaufkraftpotential, aber zu den Regionen mit hinreichend guter Erreichbarkeit zu den großen Kaufkraftzentren.

---

[62] NIW/BAW, 1994
[63] vgl. Wehling, 2001
[64] Elsner et. al., 1995
[65] Elsner, 1996

Auch ist der Unterweserraum generellen Herausforderungen unterworfen. So führt die zunehmende Globalisierung der Produktions- und Absatzketten zu einer steigenden Konkurrenz der Regionen. Die Öffnung Osteuropas bewirkt Sozial- und Kosten-Dumping, d.h. zu Abwanderung von Produktionen und zu einer steigenden Preiskonkurrenz, Folgen, die auch mit der Erweiterung des EG Binnenmarktes verbunden sind.

Insgesamt gesehen liegt der Nordwestdeutsche Raum zwischen den benachbarten lagegünstigeren und wirtschaftsstärkeren Regionen Hamburg, Hannover/Braunschweig und der „Rheinschiene". Die Gefahr liegt darin, daß sich die Region zu einer "toten Zone" entwickelt, d.h. zu einer regen Transitregion ohne Loco-Effekte, also ohne Wertschöpfungsketten vor Ort. Die ländlich-periphere Situation und die altindustrielle Belastung des Zentrums der Region hindern in besonderer Weise die Entwicklungsdynamik. Als maritime Region hat sie sich der absehbaren Existenzkrise der Fischereiwirtschaft, den Problemen des Küstenschutzes und des Meeresumweltschutzes zu stellen. Es bedeutet aber auch spezifische Chancen für eine Hafen-Logistik-Verbundwirtschaft, maritime Industrien, maritime FuE und für maritimen Tourismus.

Die wirtschaftstrukturelle Schwäche begründet sich auch in dem hohen industriellen Alter, in der Dominanz von Großbetrieben, der damit verbundenen geringen Entscheidungszentralität, der geringen FuE-Intensität und im Mangel an industrienaher Dienstleistung. Die regionalen Industriebranchen sind betroffen vom Abbau staatlicher Nachfrage bzw. der staatlichen Subventionen oder unterliegen einem starken internationalen Preisdruck. Schon abzusehen ist das Schrumpfen der Industrie und die unzureichende Entwicklung des Dienstleistungssektors, d.h. der Strukturwandel zum tertiären Sektor entwickelt sich eher langsam, während der primäre Sektor kontinuierlich schrumpft. Das Wegbrechen ganzer Branchen wie etwa dem Schiffbau führt zu qualitativen Auswirkungen auf den Mittelstand, auf das industrielle FuE-Potential, auf die Auslastung spezifischer Infrastrukturen und über Vorliefer- und Absatzverflechtungen auch auf den gesamten Industrie-Dienstleistungs-Komplex.

Die Wirtschaftsstruktur des Kooperationsraumes zeigt, daß die Industriestruktur auf die Branchen Schiffbau, Luft- und Raumfahrzeugbau, Automobilbau, Ernährungsgewerbe spezialisiert ist und Maschinenbau und Elektrotechnik eher unterrepräsentiert sind. Insgesamt ist der Dienstleistungssektor wachstumsschwach, wobei die hafen- und verkehrsbezogenen Dienstleistungen besonders ausgeprägt sind. Allerdings sind die unternehmensbezogenen Dienstleistungen sowie das Kredit- und Versicherungsgewerbe unterrepräsentiert.

Innerhalb der Region ist ein Süd-Nord-Gefälle der Bevölkerungs- und der Wirtschaftsentwicklung erkennbar. Dabei ist weiterhin eine überdurchschnittliche Suburbanisierung mit einer vergleichsweise schwachen Entwicklung der Kernstadt Bremen festzustellen. Die Aufhol-/ Überholtendenzen in der Beschäftigungsentwicklung werden von entsprechenden Tendenzen in der Bevölkerungsentwicklung aufgehoben.

3.1.2 Das regionale Szenario eines Klimawandels und seine Folgen für das natürliche System

Um die möglichen Auswirkungen einer Klimaänderung abschätzen zu können, wurden den Untersuchungen des Verbundvorhabens KLIMU Klimaszenarien zugrundegelegt. Diese Klimaszenarien sind in Abstimmung mit dem BMBF-Vorhaben "Szenarien & Beratung" [66] durch downscaling aus dem ECHAM4/OPYC3-Klimamodell überprüft und saisonal und regional konkretisiert worden.[67] Die Regionalisierung bestätigte im wesentlichen die bisherigen Annahmen eines "kräftigen Szenarios", mit Hilfe dessen auch deutliche Wirkungen auf die Verhältnisse im Untersuchungsgebiet induziert werden können.

Für den Zeithorizont bis 2050 geht das Szenario davon aus, daß sich das Klima im nördlichen Mitteleuropa im Durchschnitt deutlich erwärmen wird. Untenstehende Graphik zeigt, daß diese angenommene Erwärmung von etwa 3°C zu allen Jahreszeiten etwa gleichmäßig eintreten wird. Im Gegensatz dazu wird angenommen, daß die Veränderung des Niederschlagsregimes zu deutlich feuchteren Winterhalbjahren (einschließlich Herbst und Frühjahr) und etwas trockeneren Sommermonaten führen wird. Es wird angenommen, daß die geringeren Niederschlagsmengen mehr noch als heute in wenigen Starkregenereignissen niedergehen, wegen der um 6% geringeren Niederschlagssummen und der erhöhten Temperaturen insgesamt gesehen also mit einer deutlich steigenden Aridität gerechnet werden muß. Dagegen ist zu vermuten, daß die winterliche Bodenvernässung eher zunehmen und sich ihre zeitliche Dauer verlängern wird.

---

[66] vgl. Storch, Schnur, Zonita, 1998

[67] Das Klimaszenario für das Projekt KLIMU wurde ursprünglich von dessen Projektkoordinator Schirmer entworfen. Speziell die Temperatur-, Niederschlags- und Winddaten wurden dann von den Autoren des Projekts „Szenarien und Beratung“ bestätigt und konkretisiert. Die ebenfalls zum Klimaszenario gehörenden Aussagen zum Meeresspiegelanstieg und zur Veränderung des Tidehubs blieben wie im anfänglichen Klimaszenario von Schirmer beschrieben. Vgl. die Beschreibung des Klimaszenarios auch in: Osterkamp, 2001.

Mögliche Entwicklung der monatlichen Niederschlagssummen [mm] bis zum Jahr 2050:

Quartal	Bezug 1961-1990	Jahr 2050	Veränderung in %
DJF	51,5	59,52	+ 15,5
MAM	52,0	63,45	+ 22,1
JJA	67,5	63,45	- 6,0
SON	56,7	63,6	+12,2
Jahr	*56,9*	*62,5*	*+ 9,86*

DJF: Dezember, Januar, Februar, MAM: März, April, Mai, JJA: Juni, Juli, August, SON: September, Oktober, November

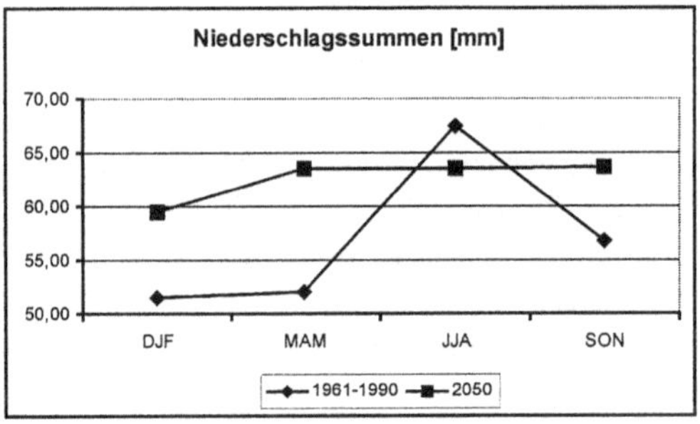

Auch die mittleren Windstärken als Folge der durchschnittlichen Druckgradienten werden sich im Durchschnitt - wiederum besonders im Winterhalbjahr - eher verstärken. Es wird außerdem mit einer Zunahme der Sturm- und Orkanaktivitäten in Frequenz und Intensität gerechnet.

Mögliche Entwicklung der mittleren Windgeschwindigkeiten [m/sec] bis zum Jahr 2050:

Quartal	Bezug 1961-1990	Jahr 2050	Veränderung in %
DJF	5,02	5,35	+ 6,6
MAM	4,65	4,87	+ 4,7
JJA	3,97	3,80	- 4,3
SON	4,42	4,72	+ 6,8
Jahr	*4,51*	*4,68*	*+ 3,8*

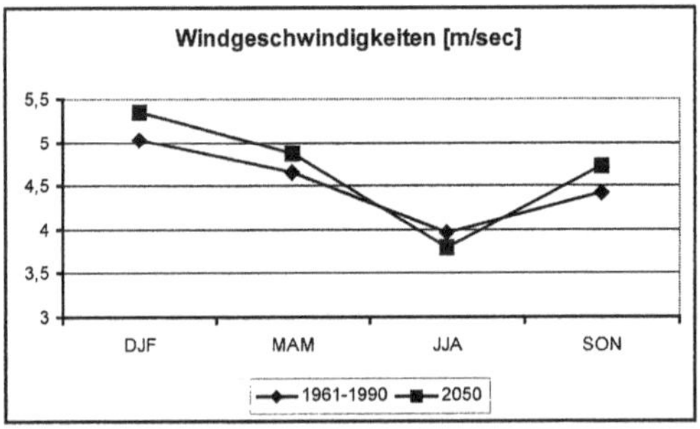

Wenn man davon ausgeht, daß der mittlere Meeresspiegel als Summe der säkularen und anthropogenen Ursachen von heute bis zum Jahre 2050 um (15 cm + 40 cm =) 55 cm ansteigen wird, so kann neben einer Erhöhung des Tidenhubes von heute 380 cm auf dann 410 cm (Mittleres Tide Hochwasser (MTHW) + 15 cm und Mittleres Tide Niedrigwasser (MTNW) -15 cm) zusammen mit der Entwicklung der Windrichtungen und Windgeschwindigkeiten mit folgenden Veränderungen des windbeeinflußten Tidehochwasserstandes gerechnet werden. Mögliche Entwicklung des Tidehochwasserstandes* [cm] bis zum Jahr 2050 (Durchschnittswerte für die Jahre 1961-1990):

	Bremen			Bremerhaven		
Quartal	1961-1990	2050	Veränderung [%]	1961-1990	2050	Veränderung [%]
DJF	107,1	120,8	12,8	108,3	122,7	13,3
MAM	76,7	84,0	9,5	71,4	78,9	10,5
JJA	67,3	62,0	-7,9	67,5	67,6	0,1
SON	99,1	106,5	7,5	105,2	113,4	7,8
Jahr	*87,6*	*93,3*	*6,5*	*88,1*	*95,6*	*8,5*

* 99%-Quantil = Extremwerte

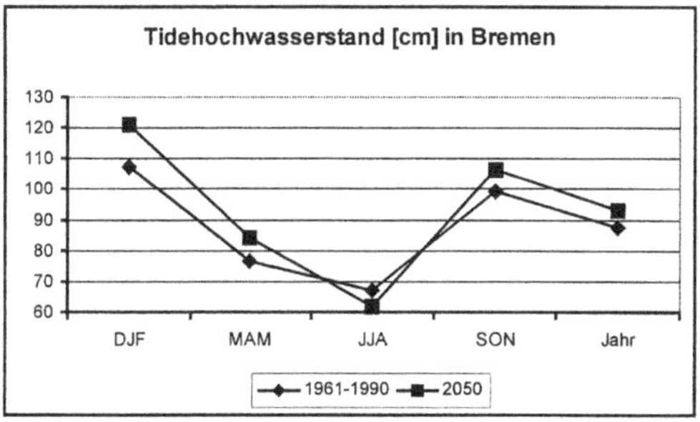

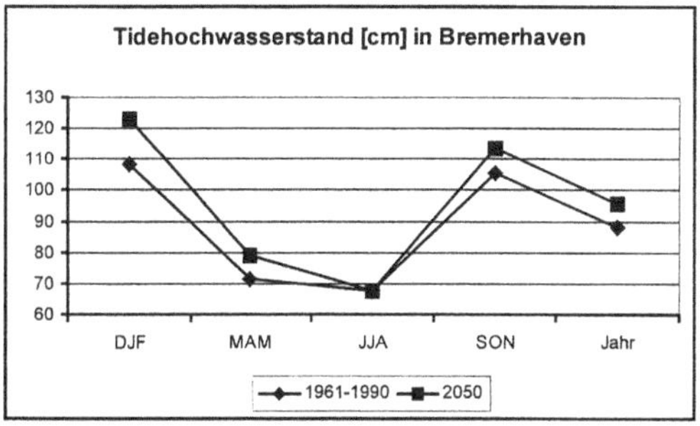

Die oben auszugsweise geschilderten möglichen Veränderungen werden eine Reihe von Folgen für die Aktivitäten im Unterweserraum haben: Die mittlere Wassertemperatur der Weser kann mit allen für die Wasserqualität verbundenen Konsequenzen um etwa 2,7 °C zunehmen, außerdem ist eine Verlagerung der

Brackwasserzone von derzeit UWkm (Unterweserkilometer) 30 – etwa bei Elsfleth - um etwa 5 km stromaufwärts – Blumenthal, Bremen - möglich.

Die durch die Verstärkung des Tidenhubes verursachte Erhöhung der Strömungsgeschwindigkeit wird sowohl Wirkungen auf die Morphologie der Weser als auch den auf ihr stattfindenden Schiffsverkehr haben. Die Uferverlandung entlang der Weser wird zunehmen.

In der Analyse werden einzelne Wirtschaftsbereiche aufgrund ihres gemeinsamen Charakteristikums der Betroffenheit durch Überflutung in das "räumliche Cluster" zusammengefaßt, da Überflutung als Folge einer Kombination der einzelnen Klimaparameter Niederschlag, Meeresspiegelanstieg, Tidehub-Anstieg und der Zunahme von Sturmfluten eine eigene flächenorientierte Betrachtungsweise erfordert. Getrennt davon werden die Wirkungen einzelner Klimaparameter (z.B. Temperaturänderung, Windverhältnisse) in einer sektoralen, d.h. institutionellen Betrachtung untersucht und die betroffenen Wirtschaftsbereiche in ein "sektorales Cluster" zusammengefaßt.

3.1.3 Bewertung regionalökonomischer Folgen für das räumliche Cluster

Zum räumlichen Cluster sind alle Unternehmen, Betriebe und Anlagen zu zählen, welche direkt oder durch die ihnen zuzuordnenden Grundstücke durch eine Binnendeichüberflutung aufgrund einer Erhöhung des Weser-Wasserstandes aufgrund zunehmender Niederschläge sowie durch abnehmenden Grundwasserflurabstand betroffen sein können. Eventuelle Schäden sind auf eine direkte Schädigung oder auf eine ausgefallene bzw. eingeschränkte Nutzungsmöglichkeit der betroffenen Flächen zurückzuführen.

Im Projekt KLIMU ergaben die Analysen der Grundwasserflurabstände keine zukünftigen für die Wirtschaft signifikanten Änderungen.[68] Da zudem die Analyse der Folgen durch erhöhten Niederschlag vor allem Einschränkungen im Produktionsablauf zeigte (und damit vorwiegend in das sektorale Cluster fallen), basiert die folgende Analyse des räumlichen Clusters ausschließlich auf den Folgen einer Weserwasserstandserhöhung und den damit verbundenen Schäden.

Zur Feststellung möglicher Überflutungen untersuchte das Teilprojekt "Küstenschutz" innerhalb des Projekts KLIMU die Küstenschutzanlagen entlang der Unterweser und kam zu dem Ergebnis, daß die höchste Wahrscheinlichkeit eines Deichversagens – ausgehend vom Klimaszenario (d.h. 0,5m Meeresspiegelan-

[68] vgl. Hoffmann, Meinken, 2000

stieg) – in einem bestimmten Teilraum der Unterweserregion besteht:[69] Am Braker Siel (ca. UW-km 42,5) beträgt das Wiederkehrintervall eines Deichversagens (z.B. Wellenüberlauf) aufgrund der geringen Deichhöhe von 5,50 mNN nur rund 40 Jahre, während das Wiederkehrintervall der anderen Bereiche der Unterweserregion im Mittel bei etwa 1000 Jahren liegen. Aus diesen Gründen wurde als Fokusfläche eines Überflutungsszenarios das Gebiet der Gemeinde Brake ausgewählt.

Nach einer Abschätzung der Überflutung bei einem angenommenen Deichbruch wäre die entsprechende Gemeinde 7 Stunden nach Deichbruch bis zu einer Geländehöhe von ca. 1 m NN zu 100 % überflutet. Die gefährdeten Flächen und Objekte in diesem Bereich konnten mittels des Geographischen Informationssystems (GIS) ermittelt werden.

Mögliche Überflutungen von Firmengeländen entlang der Weser und den dadurch entstandenen Verlust am Kapitalstock konnten in der Analyse des Teilprojekts "Küstenschutz" nicht berücksichtigt werden. Diese Lücke ist im ökonomischen Teilprojekt durch eine Befragung ausgewählter Betriebe geschlossen worden, die schwerpunktmäßig für die Analyse des sektoralen Clusters durchgeführt wurde.

Grundsätzlich lassen sich sozioökonomische Schadensarten unterscheiden in[70]:
- Personenschäden,
- Vermögensschäden in Wirtschaftsunternehmen, bei Körperschaften des öffentlichen Rechts und Nichterwerbsorganisationen sowie bei Privaten,
- Produktionsausfall und daraus resultierende Wertschöpfungsverluste infolge kurzzeitiger Unterbrechung von Wirtschaftsaktivitäten bis zur Wiederinstandsetzung bzw. bis zu dem Ersatz hochwassergeschädigter Produktionsmittel und der nachhaltigen längerfristigen Störung der Wirtschaftsstruktur (Stillegung, Standortverlagerung) und
- Schäden an Kulturgütern (Sammlungen, Bibliotheken);
- bei Beachtung von Reaktionen des Katastrophenschutzes ist auch der entsprechende Aufwand zu berücksichtigen.

Für die Bewertung der Schadensarten orientiert sich diese Arbeit methodisch an dem "Bewertungsgutachten für Deichbauvorhaben an der Festlandküste –

[69] vgl. von Liebermann, May, 1999. Diese Autoren berechneten auch das Überflutungsszenario (s. 3.1.3.1).
[70] vgl. Schmidtke, 1995, S.145ff.

Modellgebiet Wesermarsch"[71], welches eine Nutzen-Kosten-analytische Bewertung für Deichbauvorhaben darstellt. Das Gutachten bewertet zunächst das gesamte *Vermögen in den Produktionsbereichen und den Haushalten*. Dazu zählt das Gutachten den Kapitalstock, den Boden und das Vorratsvermögen für die Bereiche Landwirtschaft, Warenproduzierendes Gewerbe, Verkehr, Handel, Dienstleistung und Staat, das Viehvermögen, die landwirtschaftlich genutzte Fläche, Wohnungen einschließlich Hausrat und den Kfz–Bestand. Im zweiten Schritt wird ein Überflutungsszenario erstellt, um überflutungsgefährdete Flächen zu identifizieren. Das dort vorhandene Vermögen wird dann in Abhängigkeit des Wasserstandes mit einem Schadenswert versehen, um den tatsächlichen Überflutungsschaden zu ermitteln. Dazu wird noch der Bruttowertschöpfungsentgang addiert.

Durch die Einbeziehung der Flächennutzung mit Hilfe des GIS wird die Methodik um eine spezifischere Bewertung von Flächen ergänzt. Die Bodenflächen werden in der Regel mit ausgewiesenen kommunalen Bodenrichtwerten bewertet, speziell für Erholungsflächen wird ein in ähnlichen Studien quantifizierter Erholungswert pro m² als vergleichbare Mindestgröße zur Bewertung hinzugezogen.[72]

Tabelle 1 zeigt die Verwendung der im Liegenschaftskataster verzeichneten Flächennutzungen nach 12 Kennungen, welche vom Bewertungsgutachten innerhalb der später erfolgenden Schadensanalyse benutzt werden sowie die in dieser Studie verwendeten 26 Flächennutzungsarten nach ATKIS-Daten (Amtliches Topographisches Informationssystem) im GIS. Der Vorteil von GIS gegenüber den Daten des Katasteramtes liegt in der einfacheren Gestaltung von Überflutungsszenarien: Mit dem integrierten Höhenmodell können die Anteile der Flächennutzungsarten entsprechend einer durchschnittlichen Geländehöhe aufgeschlüsselt werden, ohne kompliziertere Verschneidungen von Karten vornehmen zu müssen, wie es noch im Bewertungsgutachten der Fall war.

[71] Klaus und Schmidtke, 1990

[72] Eine Studie von Nohl und Richter zum Erholungswert der Wälder in der Bundesrepublik Deutschland ergab für das Jahr 1986 einen Nutzen von ca. 1.800DM pro Hektar Wald. Zitiert in Umweltbundesamt, 1998, S. 403. Hier wird vom Gegenstand Wald abstrahiert und der Nutzen allgemein auf Erholungsflächen übertragen. Gleichzeitig wird dieser Wert als Mindestwert für Flächen ohne bestimmte Nutzung aber auch für z. B. Schleusen und Kanäle verwendet. Die verwendeten Bodenrichtwerte stammen vom Katasteramt Brake.

Tabelle 1: Gegenüberstellung der unterschiedlicher Flächennutzungsarten nach Katasterdaten und nach ATKIS-Daten

Flächennutzungsarten nach Katasterdaten	**Landnutzung nach ATKIS**
Gebäude- und Freifläche Wohnen	Abfalldeponie
Gebäude- und Freifläche Land- und Forstwirtschaft	Ackerland
Gebäude- und Freifläche für Versorgungsanlagen	Bahnhofsanlage
Gebäude- und Freifläche zu Verkehrsanlagen	Binnensee Stausee Teich
Verkehrsfläche	Fläche bes. funktionaler Prägung (öffentliche Einrichtungen, Dienstleistung, Verwaltung)
Gebäude- und Freifläche Gewerbe und Industrie	Fläche gemischter Nutzung (Wohnen, Handel/Verkehr, Industrie/Gewerbe)
Gebäude- und Freifläche Handel und Wirtschaft	Fläche z.Zt. unbestimmbar
Gebäude- und Freifläche Öffentliche Zwecke	Freizeitanlage
Gebäude- und Freifläche zu Entsorgungsanlagen	Friedhof
Gebäude- und Freifläche Erholung	Gartenland
Landwirtschaftsfläche	Gehölz
Wasserfläche	Graben, Kanal (Wasserwirtschaft)
	Grünanlage
	Grünland
	Hafenbecken
	Halde, Aufschüttung
	Industrie- und Gewerbefläche
	Kläranlage Klärwerk
	Ortslage (Wohnen, Handel/Verkehr, Industrie/Gewerbe, öffentliche Zwecke)
	Platz (Rastplatz Parkplatz)
	Schleuse
	Sportanlage
	Umspannwerk
	Vegetationslose Fläche
	Wald Forst
	Wohnbaufläche

eigene Darstellung

Die Erfassung des Vermögens, d.h. des Kapitalstocks, des Wohnungskapitalbestandes, des Hausrates, des Vorratsvermögens, des Viehvermögens, des Kfz.-Bestands und der Bodenwerte ergibt folgende Größen (s. *Tabelle 2*).[73]

[73] Ausführlich ist die Bewertung dokumentiert in Knogge, Wrobel, 2000.

Tabelle 2: Vermögen in den Unternehmen und Haushalten, Bodenwerte, Steuereinnahmen und Bruttowertschöpfung [1.000 DM], Stand 1998[74]

Kapitalstock – ohne Wohnungen	2.149.286
Land- u. Forstwirtschaft	53.350
Produzierendes Gewerbe	492.384
59% Energie- Wasserversorgung (Stand 1987).	*290.507*
39% Verarbeitendes Gewerbe (Stand 1987).	*192.030*
2% Baugewerbe (Stand 1987).	*9.847*
Handel und Verkehr	287.752
21% Handel (Stand 1987).	*60.428*
79% Verkehr (Stand 1987)	*227.324*
Sonstige Wirtschaftsbereiche	1.315.800
Wohnkapitalbestand	1.237.375
Hausrat	89.091
Vorratsvermögen (8% vom Kapitalstock)	171.943
Land- u. Forstwirtschaft	4.268
Produzierendes Gewerbe	39.390,72
Energie- Wasserversorgung.	*23.240,56*
Verarbeitendes Gewerbe.	*15.362,4*
Baugewerbe.	*787,76*
Handel und Verkehr	23.020,16
Handel	*4.834,24*
Verkehr	*18185,92*
Sonstige Wirtschaftsbereiche	105.264
Kfz – Bestand	80.364
Viehvermögen	6.509
Bodenwerte	745.954
Öffentliche Zwecke	86.890
Wohnen	419.361
Handel u. Wirtschaft	95.937
Gewerbe u. Industrie	72.940
Verkehrsanlagen	25.560
Versorgungsanlagen	284
Entsorgungsanlagen	2.349
Landwirtschaft	24.395
Erholung	18.182
Wasserfläche	56

3.1.3.1 Das Überflutungsszenario

Für das Überflutungsszenario wurde ein Deichversagen am Braker Siel angenommen, was im Szenario zu einer Deichlücke von 200m Breite führt. Zudem wird im Szenario zur vereinfachten Analyse der Wasserausbreitung von einer mittleren Geländehöhe von 0,5m NN ausgegangen. An der Deichlücke wird ein

[74] ebd., S. 12

Außenwasserstand von 3,7m über Geländeoberkante angenommen, was in etwa dem mittleren Tidehochwasser für den Bereich Brake entspricht. Zur Vereinfachung der Wasserausbreitungsanalyse wird zudem angenommen, daß sich dieser Wasserstand für die Dauer der Reparaturarbeiten nicht ändert, welche angesichts der breiten Deichlücke von 200m mit mindestens zwei Tagen anzusetzen sind. Unter diesen Voraussetzungen ist die Gemeindegrenze von Brake (also etwa der Radius von 3,5km um die Deichlücke) 2 Stunden nach Deichbruch bis zu einer Höhe von 0,9 m ab der mittleren Geländehöhe von 0,5m überflutet, der Wasserstand (NN) beträgt also 1,4m NN.

Die Annahme einer mittleren Geländehöhe von 0,5m NN vereinfacht die Analyse der Wasserausbreitung, führt allerdings auch zu einer stark vereinfachten Aussage der „wirksamen" Wasserstände. Bei einer Berücksichtigung der jeweiligen Höhenstruktur des Geländes würde die Wasserausbreitung zu unterschiedlichen Wasserständen führen. In dieser Analyse hängen die Wasserstände bei einer Beibehaltung der mittleren Geländehöhe von 0,5m nur noch von der Entfernung zur Deichlücke ab. D.h. die Randbereiche von Brake sind wie oben gezeigt nach 2 Stunden zu 90cm überflutet, nach 7 Stunden zu 1,5m. In der Nähe der Deichlücke entspricht der Wasserstand dann ca. 2m. Somit ergibt sich ein durchschnittlicher Wasserstand relativ zur Geländehöhe von 1,75m für Flächen bis zu 1mNN und damit von 0,75m für die Flächen von 1m-2mNN. Diese Unterscheidung ist für die Auswahl der Schadensraten wichtig, welche sich dann auf diese beiden Wasserstände beziehen werden.

Da Schädigungsfunktionen nur für die im "Bewertungsgutachten" ausgewiesenen 9 Sektoren bestimmt sind, ist eine Anpassung der ATKIS-Daten zur Flächennutzung auf die entsprechende Ebene der ausgewählten *Sektoren* erforderlich. Deshalb werden in *Tabelle 3* die Nutzungsarten nach ATKIS den Flächennutzungsarten nach den Katasterdaten zugeordnet. Zugleich zeigt die Tabelle die Anteile der überflutungsgefährdeten Flächen der Gemeinde Brake in den Höhenklassen bis zu 1mNN und von 1m-2mNN, wie sie aus der Verschneidung des Höhenmodells und des Flächennutzungsplanes identifiziert wurden. In der Nähe der Schleuse gibt es noch einzelne Flächen, die über 2mNN liegen, aber nicht vom Überflutungsszenario betroffen sind.

Tabelle 3: Aufteilung der Flächen von Brake entsprechend ihrer Landnutzung nach zwei Höhenklassen (eigene Darstellung)

	Landnutzung in der Gemeinde Brake	**Gesamtfläche [m²]:**	**Anteil [m²]: <1mNN**	***Anteil [%]:***	**Anteil [m²]: 1mNN-2mNN**	***Anteil [%]***
Öffentliche Zwecke	Bahnhofsanlage	155.093	551	*0,36%*	50.620	*32,64%*
	Fläche besonderer funktionaler Prägung	620.857	238.274	*38,38%*	107.694	*17,35%*
	Friedhof	65.715	46.135	*70,20%*	2.377	*3,62%*
	Ortslage (1/4)	75.175,75	57.059,5	*18,975%*	13.285,5	*4,42%*
	Platz (Rast-/Park-)	6.539	0	*0,00%*	6.533	*99,91%*
	Schleuse	1.689	0	*0,00%*	0	*0,00%*
	Sportanlage	161.306	10.796	*6,69%*	78.838	*48,87%*
	Gesamt	*1.086.374,75*	*352.816,5*	***32,48%***	*259.346,5*	***23,87%***
Wohnen	Fläche gemischter Nutzung (1/3)	413.676,67	183.243	*14,77%*	126.553	*10,20%*
	Wohnbaufläche	4.144.596	1.667.782	*40,24%*	1.669.615	*40,28%*
	Gesamt	*4.558.272,67*	*1.851.025*	***40,61%***	*1.796.168*	***39,40%***
Handel und Wirtschaft	Fläche gemischter Nutzung (1/3)	413.676,67	183.243	*14,77%*	126.553	*10,20%*
	Ortslage (1/4)	75.175,75	57.059,5	*18,975%*	13.285,5	*4,42%*
	Gesamt	*488.852,42*	*240.302,5*	***49,16%***	*139.838,5*	***28,61%***
Gewerbe und Industrie	Fläche gemischter Nutzung (1/3)	413.676,67	183.243	*14,77%*	126.553	*10,20%*
	Industrie- und Gewerbefläche	900.484	368.636	*40,94%*	182.206	*20,23%*
	Ortslage (1/4)	75.175,75	57.059,5	*18,975%*	13.285,5	*4,42%*
	Gesamt	*1.389.336,42*	*608.938,5*	***43,83%***	*322.044,5*	***23,18%***
Verkehrs-anlagen	Ortslage (1/4)	*75.175,75*	57.059,5	***18,975%***	13.285,5	***4,42%***
Versorgungs-anlagen	Umspannwerk	*8.101*	3.885	***47,96%***	2.128	***26,27%***
Entsorgungs-anlagen	Abfalldeponie	46.391	46.014	*99,19%*	356	*0,77%*
	Kläranlage, Klärwerk	20.739	0	*0,00%*	13.537	*65,27%*
	Gesamt	*233.042*	*46.014*	***68,54%***	*122.189*	***20,70%***
Land- und Forstwirt-schaft	Ackerland	15.769	15.744	*99,84%*	0	*0,00%*
	Grünland	21.197.423	12.028.764	*56,75%*	8.294.077	*39,13%*
	Gesamt	*190.792.576*	*108.274.620*	***56,78%***	*74.646.693*	***39,10%***
Erholung	Fläche z.Zt. unbestimmbar	120.351	45.640	*37,92%*	26.879	*22,33%*
	Freizeitanlage	4.457	0	*0,00%*	0	*0,00%*
	Gartenland	150.245	54.611	*36,35%*	82.720	*55,06%*
	Gehölz	10.832	10.829	*99,97%*	0	*0,00%*
	Grünanlage	103.111	77.283	*74,95%*	7.705	*7,47%*
	Halde, Aufschüttung	122.366	122.366	*100,00%*	0	*0,00%*
	Vegetationsl. Fläche	10.237	0	*0,00%*	0	*0,00%*
	Wald, Forst	177.081	169.030	*95,45%*	8.036	*4,54%*
	Gesamt	*6.690.496*	*4.721.047*	***68,67%***	*1.462.188*	***17,94%***
Wasserfläche	Binnen-, Stausee, Teich	175.105	96.042	*54,85%*	68.645	*39,20%*
	Graben, Kanal (Wasserwirtschaft)	89.878	59.057	*65,71%*	18.521	*20,61%*
	Hafenbecken	45.050	0	*0,00%*	1.584	*3,52%*
	Gesamt	*127.385.681*	*155.103,2384*	***50,03%***	*101.424,9584*	***28,63%***
Gesamt		***29.895.148***	***15.839.406***	***52,98%***	***11.054.872***	***36,98%***

3.1.3.2 Die Bewertung regionalökonomischer Folgen des Überflutungsszenarios

Der tatsächliche *Schädigungsgrad* ist abhängig von der mittleren Überflutungshöhe und speziell für landwirtschaftliche Flächen auch von der Einstaudauer. Im "Bewertungsgutachten" werden Schadensraten in Prozent der betrachteten Vermögenswerte (Kapitalstock, Vorrat, Fläche) genannt sowie Schadensraten für das Betriebseinkommen der landwirtschaftlichen Nutzung (welches mit 2.000 DM/ha angenommen wird).

In dieser Analyse wird die methodische Vorgehensweise des "Bewertungsgutachtens" als Grundlage genommen und mit Ergebnissen der GIS-Auswertung ergänzt. *Tabelle 4* zeigt die relevanten Schädigungswerte nach dem "Bewertungsgutachten".

Tabelle 4: Schädigungswerte für ausgesuchte Wasserstände

Schädigungsraten in Prozent (nach "Bewertungsgutachten") **Bereiche**	**Wasserstand von 0,75m**	**Wasserstand von 1,75m**
Viehvermögen:	20,0	100,0
Landw. Genutzte Flächen	50,0	100,0
Kapitalstock und Boden		
Landwirtschaft	20,6	32,4
Warenprod. Gewerbe	15,3	30,5
Verkehr, Nachrichten	3,3	7,8
Handel, Dienstleistung, Staat	9,5	23,5
Vorratsvermögen:	55,0	65,0
Wohnungen einschl. Hausrat:	17,4	26,8
Kfz – Bestand:	22,5	60,0

Diese *Schädigungsraten* werden mit den im überflutungsgefährdeten Gebiet verteilten sektoralen Anteilen der Vermögenswerte multipliziert. Dazu werden Schädigungsraten des jeweiligen Sektors auf die entsprechenden Flächenanteile angewandt, die nach der GIS-Auswertung in einer Fläche bis zu 1mNN (Wasserstand=1,75m) und einer Fläche zwischen 1mNN und 2mNN (Wasserstand=0,75m) liegen. Da im "Bewertungsgutachten" Bodenwerte dem Bruttoanlagevermögen und dem Wohnungsvermögen zugewiesen wurden, sind für die Bewertung des gesamten Vermögens die Flächen aus der GIS-Auswertung – Wohnen, Handel und Wirtschaft, Gewerbe und Industrie, Verkehrsanlagen und Landwirtschaft – den entsprechenden *Schädigungsgraden* des jeweiligen sektoralen Kapitalstocks zugeteilt. Für die anderweitig genutzten Flächen (öffentliche Zwecke, Ver- und Entsorgungsanlagen, Erholungsflächen) liegen keine Schadensraten vor. Aus Gründen einer eher vorsichtigen Schätzung wurden daher die Bodenwerte für diese Flächen nicht in die Schadensanalyse integriert.

Damit ergibt sich folgende Formel: Prozentwert der Flächenverteilung des Vermögens entsprechend der Höhenklasse* (Anteile des sektoralen Kapitalstocks * jeweilige Schadensrate + Anteile des sektoralen Vorratsvermögens * jeweilige Schadensrate + sektoraler Bodenwert * Schadensrate des sektoralen Kapitalstocks) (s. *Tabelle 5*).

Tabelle 5: Schädigung der sektoralen Vermögenswerte (Kapitalstock, Vorratsvermögen, Bodenwert) [75]

Flächen-nutzung	**Verteilung der Vermögenswerte**	**Schädigung der sektoralen Vermögenswerte [1.000 DM] <1mNN, Wasserst.=1,75m**	**Schädigung der sektoralen Vermögenswerte [1.000 DM] 1mNN-2mNN, Wasserst.=0,75m**
Öffentliche Zwecke	1/3 Handel 1/3 sonst. Wi.bereiche	32,48%* (20.142,66*0,235+1611,41*0,65+ 438.600*0,235+35.088*0,65)= **42.763**	23,87%* (20.142,66*0,095+1611,41*0,55+ 438.600*0,095+35.088*0,55)= **15.221**
Wohnen	Wohnungsbestand Hausrat PKW-Bestand	40,61%* (1.237.375*0,268+ 89.091*0,268+ 80.364*0,60+ 419.361*0,268)= **209.588**	39,40%* (1.237.375*0,174+ 89.091*0,174+ 80.364*0,225+ 419.361*0,174)= **126.811**
Handel und Wirtschaft	1/3 Handel 1/3 sonst. Wi.bereiche	49,16%* (20.142,66*0,235+1611,41*0,65+ 438.600*0,235+35.088*0,65+ 95.937*0,235)= **75.807**	28,61%* (20.142,66*0,095+1611,41*0,55+ 438.600*0,095+35.088*0,55+ 95.937*0,095)= **20.850**
Gewerbe und Industrie	½ Verarb. Gewerbe, ½ Baugewerbe	43,83%* (96.015*0,305+7.681,2*0,65+ 4.923,5*0,305+393,88*0,65+ 72.940*0,305)= **25.545**	23,18%* (96.015*0,153+7.681,2*0,55+ 4.923,5*0,153+393,88*0,55+ 72.940*0,153)= **7.196**
Verkehrs-anlagen	Verkehr/ Nachrichten	18,975%* (227.324*0,078+18.185,92*0,65+ 25.560*0,078)= **5.986**	4,42%* (227.324*0,033+18.185,92*0,55+ 25.260*0,033)= **811**
Versor-gungs-anlagen	½ Verarb. Gewerbe, ½ Baugewerbe, Energie- und Wasserversorgung	47,96%* (96.015*0,305+7681,2*0,65+ 4.923,5*0,305+393,88*0,65+ 290.507*0,305+23.240,56*0,65)= **80.957**	26,27%* (96.015*0,153+7681,2*0,55+ 4.923,5*0,153+393,88*0,55+ 290.507*0,153+23.240,56*0,55)= **20.257**
Entsor-gungs-anlagen	1/3 Handel, 1/3 sonst. Wi.bereiche	68,54%* (20.142,66*0,235+1611,41*0,65+ 438.600*0,235+35.088*0,65)= **90.239**	20,70%* (20.142,66*0,095+1611,41*0,55+ 438.600*0,095+35.088*0,55)= **13.199**
Land- u. Forst-wirtschaft	Viehbestand, Landwirtschaft	56,78%* (6.509*1+ 53.350*0,324+4.268*0,65+ 24.395*0,324)= **19.574**	39,10%* (6.509*0,2+ 53.350*0,206+4.268*0,55+ 24.395*0,206)= **7.689**

eigene Darstellung

[75] Der Aufteilungsschlüssel in den ersten beiden Spalten stammt aus *Abbildung 6.* Mit Sonstige Wirtschaftsbereiche sind Dienstleistung und Staat gemeint.

Addiert ergeben sich die gesamten Vermögensschäden im Überflutungsszenario für die Flächen bis zu 2mNN wie in der *Tabelle 6* dargestellt (der Kapitalstock ist in der Datentabelle für eine spätere Berechnung separat ausgewiesen).

Tabelle 6: Schädigung der sektoralen Vermögenswerte [1.000 DM]

	<1mNN: Wasserstand=1,75m und >1<2mNN: Wasserstand=0,75m	
Flächennutzung	**Vermögenswerte**	*Kapitalstock*
Öffentliche Zwecke	**57.984**	*45.418*
Wohnen	**336.399**	*0*
Handel und Wirtschaft	**96.657**	*65.465*
Gewerbe und Industrie	**32.741**	*17.074*
Verkehrsanlagen	**6.797**	*3.697*
Versorgungsanlagen	**101.214**	*87.038*
Entsorgungsanlagen	**103.438**	*82.910*
Land- u. Forstwirtschaft	**27.263**	*14.112*
Gesamt	*762.493*	*315.714*

eigene Darstellung

Im Vergleich zum sektoralen Vermögen zeigt sich die Verteilung der Schäden wie folgt (s. *Abbildung 15*).

Abbildung 15: Vergleich der sektoralen Vermögenswerte mit dem Betrag ihrer Schädigung [1.000 DM]

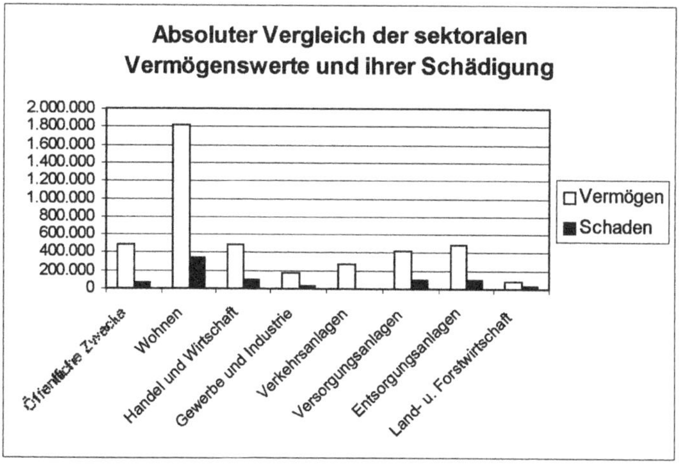

eigene Darstellung

Die Aufteilung des Schadens nach Vermögensarten zeigt den hohen Anteil des Bereiches Wohnen (s. *Abbildung 16*). Wird die sektorale Schädigung mit dem jeweiligen sektoralen Vermögen verglichen (s. *Abbildung 17*), läßt sich eine besondere Sensitivität der Bereiche Landwirtschaft und Versorgungsanlagen ausmachen. In absoluten Zahl gemessen spielt der Bereich Landwirtschaft (s. *Abbildung 15*) allerdings keine besondere Rolle.

Abbildung 16: Anteil der Vermögenskategorien am Gesamtschaden [%]

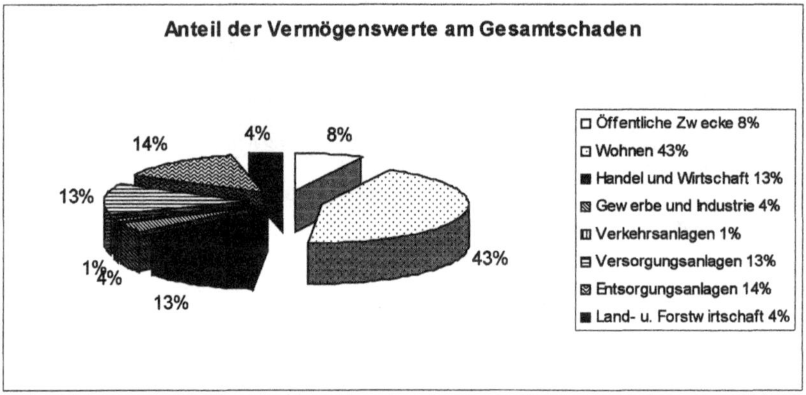

eigene Darstellung

Abbildung 17: Schädigungsanteile der Vermögenswerte [%]

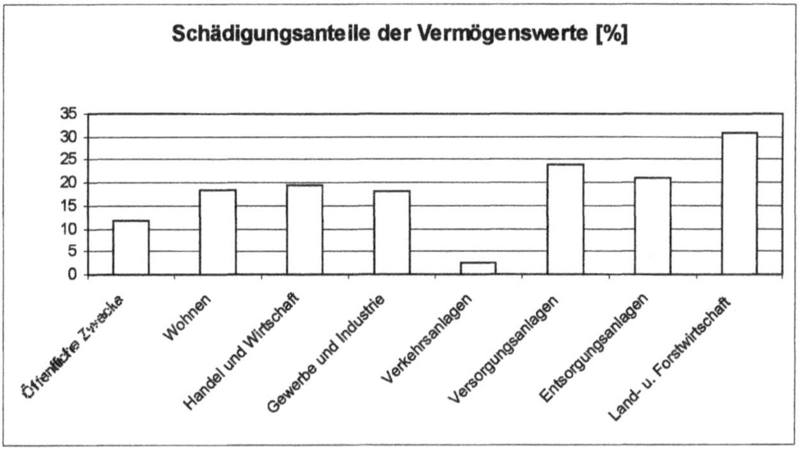

eigene Darstellung

Die *Produktions- und Einkommensminderung* (Bruttowertschöpfungsentgang) wurde im "Bewertungsgutachten" als Anteil am Schadenswert des Kapitalstocks (Warenproduzierendes Gewerbe, Handel und sonstige Bereiche) nach aus der Literatur entnommenen Prozentsätzen (10 -15%, je nach Überflutungsszenario) ausgewiesen. In dieser Studie liegt damit der Bruttowertschöpfungsentgang bei einem Wert von 12,5% des Schadenswertes des Kapitalstocks (ohne Landwirtschaft) bei 37.700.250 DM pro Jahr (vgl. Zahlen zum Kapitalstock in *Tabelle 6*). Hinzu ist noch der Nutzungsausfall der Landwirtschaft zu addieren: Das Bewertungsgutachten nimmt ein Betriebseinkommen von 2000 DM/ha und Schädigungsraten der landwirtschaftlichen Fläche von 100% bei einem Wasserstand von 1,75m und 50% bei 0,75m an. Da die Schädigungsraten für eine Einstauzeit von 7 Tagen gelten, werden für diese Studie (mit einem angenommenen Deichversagen von mindestens 2 Tagen) die Schädigungsraten mit dem Anteil von 2/7 multipliziert. Mit einer Fläche von 2.121,32 ha (die sich, wie oben gezeigt auf die beiden Höhenklassen verteilt) entsteht somit ein Betriebseinkommensausfall von insgesamt 925.259 DM.

Der *Gesamtschaden* (Vermögensschäden und Wertschöpfungsentgang) der Überflutung liegt damit in der Größenordnung von 130% der Bruttowertschöpfung eines Jahres in der Gemeinde Brake (ca. 600 Mio DM) (s. *Abbildung 18*).[76]

Abbildung 18: Gesamtschaden [1000 DM], in Preisen von 1998

	Flächen <1mNN: Wasserstand=1,75m ; Flächen <2mNN: Wasserstand=0,75m
Vermögensschäden	762.493
Wertschöpfungsentgang	38.626
Gesamt	*801.119*

In diesen Zahlen sind Auswirkungen für Ökosysteme nicht enthalten. Weiterhin sind *Personenschäden* nicht berücksichtigt. Diese treten in Form von Beeinflussung der physischen und der psychischen Gesundheit auf. Als quantitative Meßgrößen können die Anzahl der Toten und Verletzten sowie die Anzahl der Betroffenen, d.h. der Geschädigten und Evakuierten, herangezogen werden.

[76] Ein Vergleich mit dem Bewertungsgutachten kann nicht erfolgen, da dort der Gesamtschaden nicht nach Gemeinden ausgewiesen wurde.

Nach einer Schweizer Studie[77] ist der Gefährdungsgrad für Personen abhängig von der Überschwemmungstiefe, der Fließgeschwindigkeit, der Anstiegsgeschwindigkeit, aber auch vom Aufenthaltsort, von der Verhaltensweise und der Erfahrung und Vorbereitung der Personen. Diese Studie wies außerhalb eines Gebäudes eine größere relative Häufigkeit von Todesopfern nach (erklärt vor allem durch Campieren und durch Schutzsuche im Auto) als bei einem Standort innerhalb eines Gebäudes (letztere werden erklärt durch Gebäudezerstörung oder durch Sicherstellung von Wertgegenständen aus Untergeschossen). Bei geringer Vorbereitung und mangelnder Erfahrung sowie bei sehr langer Einstauzeit von mehreren Wochen wird auch die psychische Verfassung der Betroffenen beeinträchtigt. Eine statistische Auswertung großer Hochwasserereignisse über einen Zeitraum von 10 Jahren ergab eine Relation von über 10 Todesopfern auf 1 Mrd. DM gesamtwirtschaftliche Schäden[78]. Bei Übertragung dieser Relation auf das vorliegende Überflutungsszenario, ist bei einem Deichversagen wie oben beschrieben mit 8 Todesopfer zu rechnen.

Wie erwähnt, wurden zusätzlich durch eine Befragung auch die Folgen einer Überflutung für verschiedene Firmengelände identifiziert. Die Ergebnisse zum Kapitalstockverlust dieser Firmen sind Teil der Ergebnisse auf Basis des sektoralen Clusters.

3.1.4 Bewertung regionalökonomischer Folgen für das sektorale Cluster

3.1.4.1 Integration von Experten und regionalen Akteuren

Als Vorbereitung der Befragung innerhalb des Projekts KLIMU wurde zunächst das Wissen aus anderen Teilprojekten des Verbundprojektes zusammengeführt und durch Einschätzungen der Mitglieder des Projekt-Beirates ergänzt. Das Ergebnis war eine erste Bewertung betroffener Wirtschaftszweige mittels einer deskriptiven Wirkungsanalyse.

Zur Erstellung einer Firmen-Adressenliste für das sektorale und das räumliche Cluster wurden Adressenlisten von der Handelskammer Bremen und von den Industrie- und Handelskammern Bremerhaven, Stade und Oldenburg angefordert. Die Angaben wurden nach Beschäftigungsgrößen im jeweiligen Wirtschaftszweig sortiert (soweit die Angaben vorhanden waren) und die zwei größten Unternehmen für die Befragung ausgewählt. Mit diesem Auswahlverfahren der zu befragenden Akteure wird deutlich, daß kein Anspruch auf Reprä-

[77] Egli, 1996, S. 46
[78] Schmidtke, 1995, S. 155

sentativität erhoben werden kann: die Ergebnisse dienen dem Screening eines Spektrums möglicher quantitativer Folgen einer Klimaänderung.

Da die Adressenliste nach der Wirtschaftszweigklassifikation von 1993 geordnet war und die Befragung nach dieser Aufteilung durchgeführt wurde, das regionalökonometrische Modell aber mit der Klassifikation von 1979 arbeitet, mußte für die jeweilige Definition des Sektors ein Umsteigeschlüssel (s. *Tabelle 7*) erstellt werden.

Die Liste der zu befragenden Firmen wurde ergänzt um öffentliche Akteure, wie dem Senator für Bau, Verkehr und Stadtentwicklung sowie um sonstige Experten, wie z.B. Wirtschaftsförderungsgesellschaften.

Die mit dieser Befragung verfolgten *Ziele* waren :

- Die bisher angenommenen Wirkungszusammenhänge zu überprüfen bzw. zu aktualisieren.
- Aktuelle Einflüsse der Klimaparameter aufzudecken und etwaige bisherige betriebliche Erfahrungen im Umgang mit diesen Größen zu ermitteln.
- Die Folgen einer Veränderung der Klimaparameter für den heutigen Produktionsverlauf abwägen zu lassen, und die Auswirkungen auf das Vermögen (Kapitalstock) und auf die Produktion (Wertschöpfung) zu quantifizieren.
- Mögliche Maßnahmen quantifizieren zu lassen (präventive oder Re-Investitionen).

Tabelle 7: Wirtschaftszweigklassifikationen von 1979 und 1993

Klassifikation 1979	Klassifikation 1993
0. Land- und Forstwirtschaft, Fischerei	
01 Landwirtschaft	AA 01 Landwirtschaft
07 Fischerei und Fischzucht	BA 05 Fischerei und Fischzucht
I. Energie- und Wasserversorgung, Bergbau	
10 Elektrizitäts-, Gas-, Fernwärme- und Wasserversorgung	
101 Elektrizitätsversorgung	EA 40.1 Elektrizitätsversorgung
107 Wasserversorgung	EA 41 Wasserversorgung
II. Verarbeitendes Gewerbe	
200 Chemische Industrie	DG 24 Chemische Industrie
22 Gewinnung und Verarbeitung von Steinen und Erden	CB 14 Gewinnung von Steinen und Erden
23 Metallerzeugung und -bearbeitung	DJ 27 Metallerzeugung- und bearbeitung
230 Hochofen- Stahl- und Warmwalzwerke	
24 Stahl-, Maschinen- und Fahrzeugbau	
246 Schiffbau	DM 35.1 Schiffbau

26 Holz-, Papier- und Druckgewerbe	DE 21 Papiergewerbe
27 Leder-, Textil- und Bekleidungsgewerbe	DB 17 Textilgewerbe
28/29 Ernährungsgewerbe, Tabakverarbeitung	
289 Herstellung von Speiseölen, Margarine u.ä. Nahrungsfetten	DA 15.4 Herstellung von pflanzlichen und tierischen Ölen und Fetten
292 Fischverarbeitung	DA 15.13 Fischverarbeitung
293 Brauerei, Mälzerei	DA 15.96 Herstellung von Bier
296 sonstiges Ernährungsgewerbe	DA 15.8 sonstiges Ernährungsgewerbe
III. Baugewerbe	
30 Bauhauptgewerbe	
300 Hoch- und Tiefbau	FA 45.2 Hoch- und Tiefbau
308 Zimmerei, Dachdeckerei	FA 45.22 Dackdeckerei, Abdichtung und Zimmerei
IV. Handel	
40/41 Großhandel	GA 51.37 Großhandel mit Kaffee, Tee, Kakao und Gewürzen
	GA 51.52 Großhandel mit Erzen, Eisen Stahl, NE-Metallen und Halbzeug
V. Verkehr und Nachrichtenübermittlung	
51 Verkehr, Nachrichtenübermittlung	
513 Binnenschiffahrt, Wasserstraßen und -häfen	IA 61.2 Binnenschiffahrt
514 See- und Küstenschiffahrt, Seehäfen	IA 61.2 See- und Küstenschiffahrt
	IA 63.22.2 Seehafenbetriebe
515 Luftfahrt und Flugplätze	IA 62 Luftfahrt
55 Spedition, Lagerei, Verkehrsvermittlung	IA 63.12 Lagerei
	IA 63.4 Spedition, Verkehrsvermittlung
VI. Kreditinstitute und Versicherungsgewerbe	
60 Kreditinstitute	JA 65.12 Kreditinstitute
61 Versicherungsgewerbe	
614 Schaden- und Unfallversicherung	JA 66.03.2 Schaden- und Unfallversicherung
616 Rückversicherung	JA 66.03.3 Rückversicherung
VII. Dienstleistungen, soweit von Unternehmen und Freien Berufen erbracht	
71 Gastgewerbe	
711 Beherbungsgewerbe	HA 52.2 Beherbergungsgewerbe
713 Gaststättengewerbe	HA 55.1 Gaststättengewerbe
IX. Gebietskörperschaften und Sozialversicherung	
9. Gebietskörperschaften	
9.7 Wirtschaftsförderung, -ordnung und -aufsicht	LA 75.13 Wirtschaftsförderung, -ordnung und -aufsicht
9.8 Abfall- und Abwasserbeseitigung	0A 90 Abfall- und Abwasserbeseitigung
Gliederungsebenen / Code	**Gliederungsebenen / Code**
	Abschnitte / A-Q
Abteilungen / 0-9	Unterabschnitte / AA-AQ
Unterabteilungen / 01-99	Abteilungen / 01-99
Gruppen / 011-990	Gruppen / 01.1-99.0
Untergruppen / 011 1-990 0	Klassen / 0.1.11-99.00
Klassen / 011 10-990 07	Unterklassen / 01.11.1-99.00.3

eigene Darstellung

Insbesondere wurden folgende Fragen gestellt (Auszug aus dem Gesprächsleitfaden):

- In welchem Maße ist die bestehende Infrastrukturausstattung gegen die in den Klima- und Umweltszenarien geschilderten Folgen betroffen?
  - Falls Klimaparameter bisher auch berücksichtigt wurden: Sind aufgrund der extremen Änderung neue Folgen zu erwarten? Wird die Art und Weise des Umgangs mit den Folgen beibehalten? Gelten die bisherigen Zusammenhänge/Funktionen noch? Reichen bisherige Reaktionen aus?
  - Falls neue Wirkungszusammenhänge bzw. noch nicht erkannte Folgen entstehen könnten: Vorgeschlagene Wirkungszusammenhänge kommentieren und ggf. aktualisieren, neue Zusammenhänge aufzeigen.
- Sind bei möglichen Schäden die Auswirkungen auf den *Kapitalbestand* zu quantifizieren (Veränderungen)?
- Sind bei möglichen (positiven oder negativen) Auswirkungen auf die *Produktion* (Wertschöpfung) diese zu quantifizieren?

3.1.4.2 Die Übersetzung von Klimaimpulsen in ökonomisch relevante Impulse

Es wurde ein Fragebogen vorgelegt, der eine Einordnung der zu quantifizierenden Aussagen durch Vorgabe von Prozentklassen erleichtern sollte. *Tabelle 8* zeigt die Antworten zur Frage der Klimasensitivität. Angegeben ist dazu die Anzahl der Nennungen einzelner Klimaparameter als Einflußgröße auf die Wirtschaftstätigkeit verschiedener Sektoren in Form einer Matrix. Dabei zeigen sich die Klimaparameter Meeresspiegelanstieg, Niederschlag, Wind und Temperatur (Luft) als besonders oft genannte beeinflussende Faktoren, wobei das Ausmaß in dieser Abbildung nicht berücksichtigt wurde.

Tabelle 8: Transfermatrix zur Klimasensitivität - Anzahl der Unternehmensnennungen

Klimaparameter / Sektorales Cluster WZ93	Temp.-erhöhung Wasser	Sturmfluten	Meeres-spiegel	Tidehub	Nieder-schlag	Sedimentie-rung	Grund-wasser	Salzwasser-intrusion	Strömung	Wind-verteilung	Temp.-erhöhung Luft	**Anzahl der Nennungen durch die gesamte Branche (∑)**	**Anzahl Unter-nehmen: geantwortet (nicht geantw.)**	**Nennung pro Unter-nehmen**
BA 05 Fischerei und Fischzucht	2	1	2	1	1	1				2	1	11	4	2,75
EA 40.1 Elektrizitätsversorgung	1									1	1	3	2	1,5
DG 24 Chemische Industrie	1	1	1						1			4	1	**4**
CB 14 Gewinnung von Steinen und Erden					3					2	2	7	2	**3,5**
DJ 27 Metallerzeugung- und bearbeitung			1				1				1	3	1	**3**
DM 35.1 Schiffbau	1		1		1	1				1		5	1 (1)	**5**
DE Holz-, Papier- und Druckgewerbe					2						2	4	2	2
DB Leder-, Textil- und Bekleidungsgewerbe	1							1				2	1	2
DA 15.97 Brauerei, Malzerei													0 (1)	
DA 15.8 sonst. Ernährungsgewerbe							1					1	1	1
FA 45.2 Hoch- und Tiefbau					1					1	1	3	2 (3)	1,5
FA 45.22 Dachdeckerei und Zimmerei					1						1	2	1 (2)	2
GA 51 Großhandel					4						4	8	3	2,7
IA 61.2 Binnenschiffahrt, Wasserstr. /-häfen			1	1	1				1	1	1	6	4 (3)	1,5
IA 61.1 See- u. Küstenschiffahrt, Seehäfen		1			2					1		4	2 (2)	2
IA 63.22.2 Seehafenbetriebe			3		1					3	3	10	4	2,5
IA 62 Luftfahrt und Flugplätze										1	1	2	1	2
IA 63.4 Spedition, Verkehrsvermittlung													0 (2)	
JA 65.12 Kreditinstitute			1									1	1	1
JA 66.03.2 Schaden- u. Unfallversicherung			1							1		2	1	2
Anzahl der Nennungen des Klimaparameters durch die Branchen	6	3	**11**	2	**17**	2	2	1	2	**14**	**18**		34 (14)	

eigene Darstellung

Tabelle 9 zeigt eine weitere Auswertung des Fragebogens: Angegeben ist das Spektrum der Antworten für Folgen einer Überflutung für den Kapitalstock (in Prozent des gesamten Kapitalstocks), Folgen von Änderungen weiterer Klimaparameter für die Produktion (in Prozent der aktuellen Produktion) sowie mögliche proaktive Investitionen, um die negativen Folgen für die Produktion zu dämpfen und mögliche Überflutungen des Firmengeländes durch Schutzbauwerke zu vermeiden. Die Auswirkungen können nicht nach einzelnen Klimaparametern aufgeschlüsselt werden, da einzelne Parameter negative und andere Parameter positive Auswirkungen auf gleiche Wirtschaftsbereiche hatten und sich die quantitativen Angaben auf eine zusammenfassende Wertung der Befragten beziehen. Auf die Werte für die Investitionen wird im Kapital zu den Handlungsoptionen vertieft eingegangen.

Tabelle 9: Ergebnisse des Fragebogens

Sektor	Veränderung von		
	Kapitalbestand [%]	**Produktion [%]**	**Investitionen [%]**
01 Landwirtschaft	0	+5	0
07 Fischerei u. Fischzucht	0	-20 - -3	0
101 Elektrizitätsversorgung	0	-1 - +30	0
107 Wasserversorgung	-10 - 0	-10 - 0	+10
200 Chemische Industrie	-2	-100 - 0	0
22 Verarbeitung von Erden	0	-60 - 0	0
230 Stahl- u. Warmwalzwerke	0	0 - +5	+1
246 Schiffbau	-10 - -5	+10 - +20	+1
26 Holz-, Papiergewerbe	-2 - 0	-60 - 0	0 - +15
27 Leder, Textil, Bekleidung	-10	-1	1
289 Nahrungsfetten	-5	-5	0 - +15
292 Fischverarbeitung	0	0 - +5	0
293 Brauerei, Mälzerei	0	-5 - 0	0
296 sonstiges Ernährungsgew.	-45	-10	+15
300 Hoch- und Tiefbau	-40 - 0	0 - +15	+15 - +25
308 Zimmerei, Dachdeckerei	0	-20	0
40/41 Großhandel	0	-10 - 0	0 - 1
513 Binnenschiffahrt, Häfen	-15 - 0	-10 - +10	0
514 See- und Küstenschiffahrt	-10 - 0	-20 - -2	0 - 15
515 Luftfahrt und Flugplätze	0	0	0
55 Spedition, Lagerei	0	0 - +5	0
60 Kreditinstitute	0	0	0
614 Schaden-/Unfallversicherung	0	0 - +5	0
713 Gaststättengewerbe	0	+5	0
711 Beherbergungsgewerbe	0	+5	0
9.8 Abfall- u. Abwasserbeseitig.	-10 - 0	-10 - 0	0 - 10

eigene Darstellung

Die Angaben repräsentieren den von den Befragten im jeweiligen Sektor genannten Wert einer möglichen Änderung des Kapitalstocks aufgrund von Überflutungen des Firmengeländes und dem Mindest- und Maximalwert einer möglichen Beeinflussung der Produktion aufgrund von Änderungen von Klimaparametern.

Der Kapitalstock einiger Firmen ist somit durch den steigenden Meeresspiegelanstieg und die häufiger auftretenden Sturmfluten zum Teil weitreichend gefährdet, etwa bei der Lagerung wassersensitiver Güter oder ungeschützter Maschinen und Anlagen (s. *Abbildung 19*). So können Überflutungen zu einem Kapitalstockverlust von bis zu 40% für einige Firmen des Sektors Hoch- und Tiefbau führen, dagegen für andere Firmen zu keiner Belastung werden.

Abbildung 19: Maximalwerte des Kapitalstockverlusts [%]

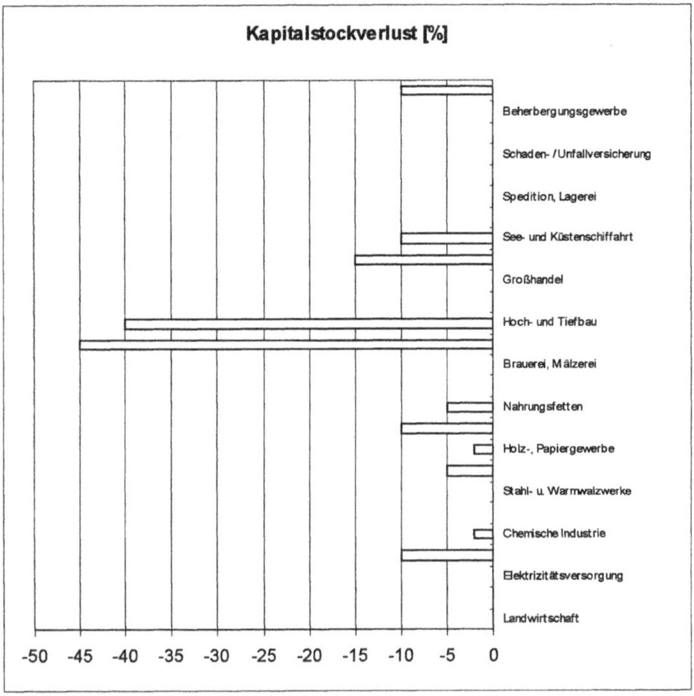

eigene Darstellung

Temperaturänderungen können für den Hoch- und Tiefbau hingegen eine Verlängerung der Saison bedeuten und zu einem positiven Schub für die Wertschöpfung in Höhe von 15% führen (s. *Abbildung 20*). Für andere Firmen wird dieser wieder zunichte gemacht durch Nachteile aufgrund der zu hohen Temperaturen (Beeinträchtigung z.B. für Dachdecker) oder auch der zu starken Winde, welche die Arbeiten mit Baukränen gefährden.

Abbildung 20: Spannbreite der sektoralen Wertschöpfungsänderung [%]

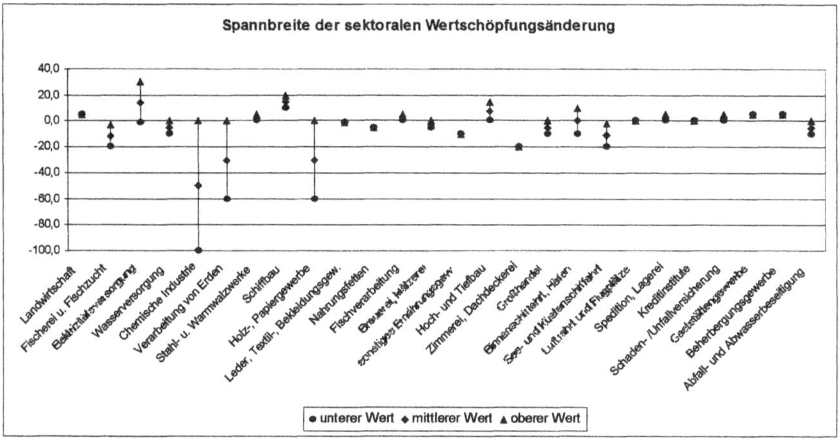

eigene Darstellung

Die ermittelten Zahlen werden für eine Simulation von Überflutungsfolgen in der weiterführenden Analyse mit einem regionalökonometrischen Modell zur Bewertung sekundärer Folgen verwendet.

Es wurde auch nach Extremreaktionen wie Betriebsaufgabe gefragt: Nur Unternehmen in der Torf-Branche sehen sich bei einer Klimaänderung durch ihre Gebundenheit an die regionalen Umweltbedingungen in ihrer Existenz gefährdet. Im Bereich der Fischerei und Fischzucht könnten vermehrte Überflutungen den Fortzug von Unternehmen zur Folge haben und auch im Hoch- und Tiefbau könnten sich bei Verschlechterungen der klimatischen Bedingungen Fortzüge ergeben.

Die Befragung hat gezeigt, daß eine Änderung der Klimaparameter für die regionale Ökonomie sowohl zu Vorteilen als auch zu Nachteilen im Produktionsablauf führen kann. Die Befragung im Umfeld der Schiffahrt führte zu folgenden Wirkungszusammenhängen: Im Hinblick auf den möglichen Anstieg der Wesertemperaturen und eine Erhöhung der Strömungsgeschwindigkeiten kann von einer deutlichen Verminderung des Eisgangrisikos ausgegangen werden. Die erhöhte Strömungsgeschwindigkeit wird allerdings auch zu einer verstärkten Tendenz der Versandung und Verschlickung führen, was zunehmende Unterhaltungsbaggerarbeiten erfordert. Für eine ortsansässige Werft reicht die Tiefe des Fahrwassers schon heute für Schiffe mit größerem Tiefgang aus, allerdings würde ein Anstieg der Weser um einen halben Meter den größtmöglichen Tiefgang auch an der Slipanlage erhöhen, was wiederum ein deutlicher Vorteil gegenüber der heutigen Situation wäre.

Die Änderung der Schleusungsbedingungen wird von vielen Befragten hervorgehoben: Einerseits kann es hochwasserbedingt und bei schwerem Wellengang öfter zur Schließung von Schleusentoren kommen, was die *Fischerei* und den *Fährbetrieb*, die *Binnen- und die Küstenschiffahrt* belastet. Andererseits wirkt ein Anstieg des Meeresspiegels positiv auf Schleusungszeiten und könnte Wartezeiten sogar verkürzen.

Ein veränderter Tidenhub könnte eine generelle Anpassung oder sogar Erneuerung vieler Anleger in der *Binnenschiffahrt* bedeuten, da diese in der heutigen Form zu tief liegen. Zudem machen die oben schon angesprochenen zu erwartenden erhöhten Strömungsgeschwindigkeiten in der Binnenschiffahrt leistungsfähigere Antriebsmaschinen notwendig. Auch hohe Windgeschwindigkeiten beeinflussen die Binnenschiffahrt eher negativ, da (ab 6 Windstärken) ein Schiffsbetrieb nicht mehr oder nur noch eingeschränkt stattfinden kann.

Niederschläge beeinflussen die Verladevorgänge der *Binnen- und Seeschiffahrt* und der *Seehafenbetriebe* negativ, da häufig Nässe-empfindliche Güter umgeschlagen werden (z.B. Stahl) und diese Arbeiten bei starken Niederschlägen unterbrochen werden müssen. Hohe Niederschlagsmengen im Zusammenhang mit hohen Temperaturen beschleunigen zudem den Verrottungsprozeß der leicht verderblichen Güter wie Obst, Gemüse und Fisch, was den Einsatz zusätzlicher Kühlsysteme erforderlich machen würde. Zudem verhindern starke Winde den Einsatz von Verladekränen, was wiederum zu Warte- und Stillstandszeiten führt.

Der Wasserpegelanstieg kann für die Höhe älterer Containerbrücken beim Beladen neuer Containerfrachter zum Problem werden. Auch Brückendurchfahrten auf der Weser können bei Extremwasserständen speziell für größere *Touristikschiffe* nur noch eingeschränkt möglich sein. Ebenfalls müßten die *Hafenanlagen* bei veränderten Rahmenbedingungen eventuell angepaßt werden. Die Liegeplätze für größere Containerschiffe müßten Standards erfüllen, deren

Gewährleistung bei einem Meersspiegelanstieg von 55 cm zumindest zu überprüfen sein würden.

Unter sehr extremen Bedingungen, deren Häufigkeit allerdings sehr gering ist, könnte eine vermehrte Schlepperassistenz nötig werden. Dadurch wären geringfügige Vorteile für den örtlichen *Schlepperbetrieb* denkbar. Bei Starkwindereignissen wäre die Schleusenpassage der RoRo-Schiffe allerdings trotz vollem Schleppereinsatz schwierig bis schließlich unmöglich, weil Schäden an Schiff und Infrastruktur kaum verhindert werden könnten.

Die Befragungen im *Baugewerbe* führten zu unterschiedlichen Wirkungszusammenhängen. Einerseits lassen höhere Jahresniederschläge weniger Sonnentage im Jahr vermuten, was sich gerade für die Dachdeckerei negativ auswirken könnte. Andererseits können höhere Jahresdurchschnittstemperaturen zu einer Verlängerung der Arbeitsperiode führen. Im Tief- und Hochbau wird dieser Vorteil als sehr bedeutsam eingeschätzt. In der Dachdeckerei werden extrem hohe Temperaturen (heiße Sommerperioden) eher als schädlich für die Leistungsfähigkeit der Arbeiter gesehen. Starke Winde führten zu Beeinträchtigungen der Betriebsabläufe auch im Hochbau, da viele Baukräne ab Windstärke 6 nicht mehr genutzt werden könnten. In der Baubranche insgesamt wäre aber auch eine verbesserte Auftragslage durch Gebäudeumbauten und häufigere Instandhaltungsmaßnahmen (Feuchtigkeit greift Bausubstanz an, Sturmschäden) denkbar.

Kreditinstitute behandeln Umweltrisiken in ihren Überlegungen zur Kreditvergabe nicht explizit eigenständig. Es wird nicht nach bestimmten Algorithmen vorgegangen, es existiert vielmehr ein entsprechendes regionales "Gefühl" für das Risiko. Allerdings gehen Umweltrisiken - genau wie auch das Konkursrisiko - in die Kreditkalkulationen und damit in den auf die Kredite erhobenen Zinssatz ein. Regionen mit einem hohen Risiko durch Flußwasserüberflutungen gehören schon heute zu Gebieten mit "regionalen Abschlägen" für ansiedlungswillige Firmen (also höhere Zinsen oder schlechtere Kreditkonditionen).

Befragungen in der *Versicherungsbranche* ergaben, daß der Verband der Versicherer (GDV) die gesamte Bundesrepublik in zwei Zonen eingeteilt hat, nach der Bremen in der stärker gefährdeten Zone lokalisiert ist. Zur Zeit lohnt es sich für Versicherer nur bedingt, Versicherungen gegen den Elementarschaden "Hochwasser" einzurichten. Dies ergaben Risikoanalysen der Schadenspotentiale in Siedlungsräumen, die in der Nähe von tidewasserbeinflußten Gewässern liegen (z.B. Bremerhaven). Dies gilt aus folgenden Gründen: Erstens ist die Größe des Gesamtprämienzahlerkollektivs ist zu klein, um die gemessen daran möglicherweise relativ umfangreichen Schäden zu decken und zweitens ist die Ungewißheit eines Schadenseintritts, die eine wesentliche Voraussetzung für jede Versicherung bildet, ist hier nicht in ausreichendem Maße gegeben. Unabhängig von der Verbesserung einer Risikoeinschätzung wird ohne eine Veränderung der Organisation der Versicherungsstruktur eine Versicherung gegen den Elementarschaden "Sturmflut" in vielen Gebieten Norddeutschlands und den hochwassergefährdeten Flüssen nicht möglich sein. Somit sind die Schäden für Versicherer zumindest im Bereich der Überflutungsschäden für die Region nicht relevant, da sie nur eingeschränkt versicherbar sind. Allerdings werden Sturmschäden zu Mehrbelastungen führen, falls die Versicherungsprämien nicht erhöht werden. Die Erfahrungen mit dem Norddeutschland-Orkan von 1972 führten allerdings auch dazu, daß leistungsfähigere Verträge mit der Rückversicherungswirtschaft geschlossen worden sind.

Durch die *Befragung* der betroffenen Unternehmen in der Region sind qualitative und quantitative Wirkungszusammenhänge ermittelt und in ökonomische Größen wie *Kapitalbestand* und *Bruttowertschöpfung* ausgewiesen, die weitere Simulationen mit Hilfe des regionalökonometrischen Modells erlauben (s. ab 3.2.3).

Um die Abbildung aus der Einleitung wieder aufzunehmen (s. *Abbildung 1*), können wir den Standort der bisherigen Analyse und damit den Weg bis zur Definition des räumlichen und des sektoralen Clusters wie folgt darstellen.

Abbildung 21: Konzeption der Schnittstellen – Teil 1

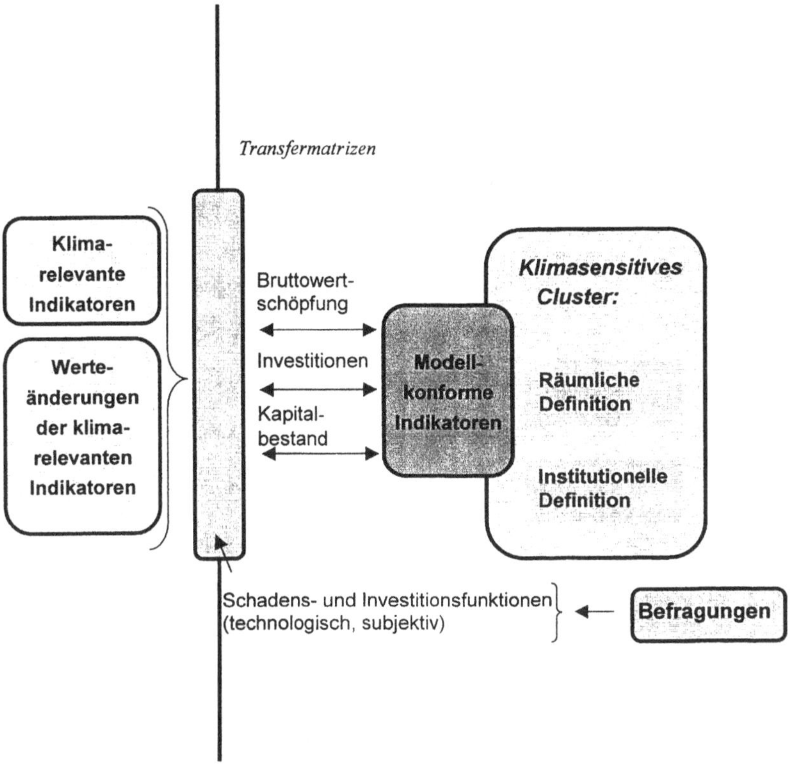

3.2 Wirkungen einer Klimaänderung für die langfristige Wirtschaftsentwicklung der Unterweserregion

3.2.1 Grundstruktur des regionalökonometrischen Modells und seine formalen Eigenschaften

Das für die Fragestellung des Projekts KLIMU ausgerichtete Bremer ökonometrische Modell *brECOmod estuary*[79] besteht aus einem dynamischen interdependenten System von 159 Gleichungen. Davon sind 67 stochastische, mit dem

[79] vgl. die Darstellung des Modells in Bartsch, 1999

OLS-Verfahren (Ordinary Least Squares) geschätzte Verhaltensgleichungen; die übrigen 92 Gleichungen enthalten Identitäten bzw. definitorische Beziehungen und sind damit als Definitionsgleichungen zu bezeichnen. Durch diese 159 Gleichungen werden die Werte von 159 Variablen modellendogen bestimmt. Darüber hinaus enthält das Modell weitere 33 exogene Variablen. Diese Variablen können über den Stützzeitraum hinaus über Trend- und Zeitreihenverfahren fortgeschrieben werden. Insgesamt enthält das Modell 192 Variablen.[80]

Das Modell *brECOmod estuary* basiert auf Jahresdaten. Die regionale Datenbasis bilden Daten des Statistischen Landesamtes Bremen, der Arbeitsgemeinschaft volkswirtschaftliche Gesamtrechnungen der Länder beim Statistischen Landesamt Baden-Württemberg und des Statistischen Landesamtes Niedersachsen. Daneben wird für den notwendigen gesamt- und weltwirtschaftlichen Dateninput des Modells auf Zeitreihen der volkswirtschaftlichen Gesamtrechnungen des Deutschen Instituts für Wirtschaftsforschung (DIW), der Organisation for Economic Cooperation and Development (OECD) sowie des Instituts für Arbeitsmarkt- und Berufsforschung (IAB) zurückgegriffen. Der Kernstützzeitraum für die Schätzung der Parameterstruktur des Modells umfaßt die Jahre von 1976 bis 1993. Wo die Datenlage und die Gleichungsspezifikationen längere Stützzeiträume erlaubten, wurden diese auch genutzt. Der maximale Stützzeitraum für einzelne Gleichungen umfaßt die Zeit von 1970 bis 1996.

Das Modell *brECOmod estuary* besteht aus neun interdependenten Blöcken: Verwendung, Entstehung, Verteilung, Arbeitsmarkt, Kapitalstock/Angebot, Staat, Preise, Demographie, Ästuarlandkreise. Diese Blöcke wurden im ersten Schritt formuliert, da zwischen ihnen die elementaren Zusammenhänge bestehen und die Blöcke die Strukturierung dieser Zusammenhänge erleichtern. Letztlich sind die Blöcke nur Konstrukte, die im weiteren Aufbau des Modells durch zugehörige Variablen operationalisiert werden müssen. So wird z.B. der Block *Verwendung* mit folgenden Variablen abgebildet: Privater Konsum, Anlageinvestitionen, Staatliche Investitionen, Staatsverbrauch und einem Restposten. Somit werden die Beziehungen zwischen den Blöcken auf der Ebene der Variablen explizit gemacht. Zur Erklärung dieser Variablen werden dann Wirkungszusammenhänge in Form von Gleichungen postuliert, welche mit historischen Daten überprüft werden. Nachstehende Tabelle zeigt die Abbildungen der Blöcke durch die Komponenten und gibt an, wieviele Gleichungen im Modell verwendet werden, um die einzelnen Variablen zu erklären bzw. zu definieren.

[80] Für eine komplette Variablenliste s. Anhang.

Tabelle 10: Die Blockstruktur von brECOmod estuary mit Angabe der wichtigsten Komponenten[81]

Gleichungstyp / *Ökonomischer Bereich*	Verhaltens-gleichungen	Definitions-gleichungen	Gleichungen insgesamt
Verwendung	20	27	47
Privater Konsum			
Anlageinvestitionen			
Staatliche Investitionen			
Staatsverbrauch			
Restposten			
Entstehung	13	26	38
Bruttowertschöpfung			
Verteilung	6	14	20
Einkommen aus unselbst. Arbeit			
Einkommen aus Vermögen u. Unternehmenstätigkeit			
Transferzahlungen			
Arbeitsmarkt	7	9	16
Lohnabhängige im Inland			
Erwerbspersonen			
Kapitalstock und Angebot	1	14	15
Kapitalstock			
Produktionspotential			
Kapazitätsauslastung			
Modernitätsgrad			
Staat	6	1	7
Einfuhrabgaben			
Umsatzsteuer			
Steuereinnahmen			
Preise	7	0	7
Deflatoren für			
Priv. Konsum			
Anlageinvest.			
Staatl. Invest.			
BWS Staat			
Inländ. Endnachfrage			
BIP			
BSP			
Demographie	1	1	2
Private Haushalte			
Ästuarlandkreise	6	0	6
Bruttowertschöpfung			
Erwerbstätige			
Summe	***67***	***92***	***159***

eigene Darstellung

Die Komponente Privater Konsum im Block Verwendung wird z.B. durch eine Funktion in Abhängigkeit der Variablen Einkommen aus unselbständiger Arbeit

[81] Im Anhang ist die komplette Variablenliste aufgeteilt nach diesen Blöcken angegeben.

und Einkommen aus Unternehmertätigkeit und Vermögen, aus Transferzahlungen sowie aus dem Konsum der Vorperiode abgebildet:

$C=f(Y^l,Y^g,Y^t,C_{t-1})$

C:	*Privater Konsum*
Y^l:	*Lohneinkommen*
Y^g:	*Gewinneinkommen*
Y^t:	*Transfereinkommen*
C_{t-1}:	*Privater Konsum der Vorperiode*

Für das Land Bremen disaggregiert das Modell die Bruttowertschöpfung nach der Wirtschaftszweigklassifikation von 1979 auf der Ebene von 11 Wirtschaftszweigen und die Beschäftigung, Nettoanlageinvestitionen und den Kapitalstock auf der Ebene der Gruppen (3-Steller-Ebene mit 5 Wirtschaftsbereichen).

Die Bruttowertschöpfung wird je nach Wirtschaftszweig über verschiedene Teile der Gesamtnachfrage erklärt (z.B. privater Konsum, Investitionen, Export) und zum Teil über die Bruttowertschöpfung anderer Wirtschaftszweige. Diese Interdependenzen finden sich im Sektor Energie (erklärt durch die BWS vom Staat und vom Verarbeitenden Gewerbe), im Sektor Sonstige Dienstleistungen (erklärt durch BWS Handel und Verkehr sowie Kredit/Versicherungen) und im Sektor Private Haushalte und Organisationen ohne Erwerbszweck (erklärt durch BWS Sonstige Dienstleistungen):

$Y_i=f(Y_{m\neq i},D_i)$

Y_i:	*Bruttowertschöpfung des Sektors i*
$Y_{m\neq i}$:	*Bruttowertschöpfung der Sektoren außer i*
D_i:	*Teilaggregat der Gesamtnachfrage i*

Der Kapitalstock wird durch den jeweiligen Vorjahreswert und die Nettoanlageinvestitionen des jeweiligen Sektors erklärt:

$K_i=f(K_{i-1},I_i)$

K_i:	*Kapitalstock des Sektors i*
K_{i-1}	*Kapitalstock des Sektors der Vorperiode*
I_i:	*Nettoanlageinvestitionen des Sektors i*

Falls der Kapitalstock sinken würde, erfolgte über das Senken des Produktionspotentials eine Steigerung der Kapazitätsauslastung und eine Steigung bei den Lohnabhängigen; dann würde wiederum das Einkommen aus unselbständiger Arbeit und damit über die Steigerung des privaten Konsums auch die Bruttowertschöpfung angehoben. Ein zweiter Effekt wäre ein Sinken der Ersatzinvestitionen und damit der Bruttoanlageinvestitionen, daraus folgend des Einkommens aus Unternehmenstätigkeit und Gewinn. Diese Prozesse werden noch bei der Integration der Impulse aufgrund der Klimaänderung eine Rolle spielen.

Abbildung 22 verdeutlicht diese Zusammenhänge anhand der grundlegenden Verbindungen im Modell. Ausgehend von den Interdependenzen zwischen den drei großen Blöcken Entstehung, Verwendung, Verteilung sind die Verbindungen zu den weiteren Blöcken Arbeitsmarkt, Demographie, Staat und Kapitalstock/Angebot dargestellt. Im Block Preise werden Deflatoren für bestimmte Variablen bestimmt, um die Übergänge von nominalen zu realen Größen zu erlauben.

Die Variable im Ursprung eines Pfeiles trägt zur Erklärung der Variablen im Ziel des Pfeiles bei und taucht damit in der Gleichung als erklärende Variable auf. Die Schätzung mit historischen Daten ergibt dann das Vorzeichen und die Stärke der Wirkung.

Um die Unterweserregion zu erfassen, werden neben dem Land Bremen auch die Landkreise Wesermarsch, Osterholz und Cuxhaven innerhalb des Modells abgebildet. Für die betreffenden Landkreise liegen weder für die Beschäftigungsentwicklung noch für die Entwicklung der Bruttowertschöpfung ununterbrochene Zeitreihen vor, so daß die benötigten Daten durch Interpolation ermittelt worden sind. Die Bruttowertschöpfung und die Beschäftigung der Weserästuarlandkreise wurde vorwiegend durch die Entwicklung der Bruttowertschöpfung des Oberzentrums Bremen erklärt.

Das Modell enthält politische Instrumentvariablen, wie z.B. Steuersätze, staatliche Investitionen und Arbeitszeitgrößen, die eine Formulierung von Szenarien und ihre Einbringung in das Modell ermöglichen.

In *Abbildung 22* ist auch der Einfluß der Klimaänderung integriert. Wie im vorangegangenen Kapitel zu sehen war, wird die Klimaänderung Folgen für den Kapitalstock, für die Wertschöpfung und für Investitionen haben. Diese Einflüsse wirken sich dann über die modellendogenen Zusammenhänge auf weitere Faktoren wie Beschäftigung und Bruttoinlandsprodukt aus. Auswirkungen der ökonomischen Prozesse auf das Klima werden in dieser Arbeit nicht berücksichtigt.

Abbildung 22: Vereinfachte Darstellung der zentralen Wirkungsketten im regionalen ökonometrischen Modell brECOmod estuary

eigene Darstellung

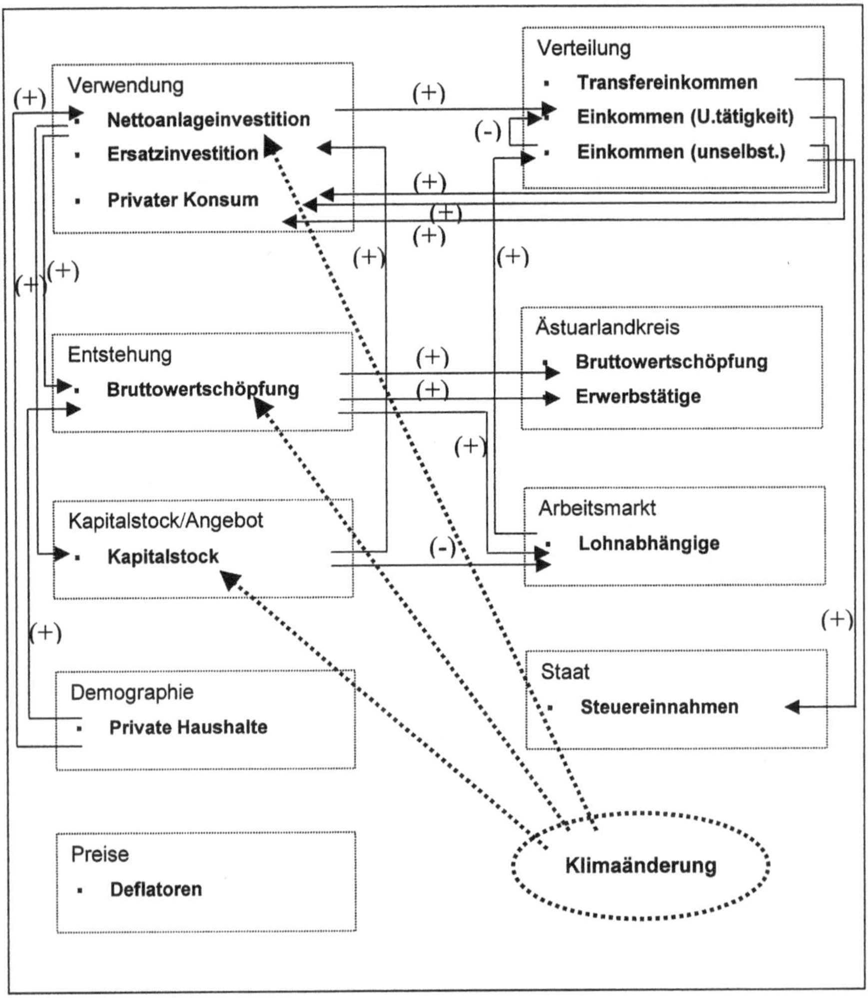

Die Modellevaluation wurde mit dem Verfahren der dynamischen Ex-Post-Simulation durchgeführt. Dabei wird überprüft, inwieweit die geschätzte Parameterstruktur des Modells geeignet ist, die Entwicklung im Stützzeitraum befriedigend abzubilden. Dies ist ein wichtiger Evaluationsschritt für ein Modell, welches vor allem für prognostische Zwecke eingesetzt werden soll. Dabei zeigte sich ein zufriedenstellender Verlauf der simulierten Daten im Vergleich zu den tatsächlichen Beobachtungen. Folgende Abbildungen belegen Verläufe der Ex-Post-Simulation in den Jahren 1977-1995 bezüglich der Erwerbstätigen im Inland und des Bruttoinlandsproduktes (BIP).

Abbildung 23: Ex-Post-Simulation der Erwerbstätigen

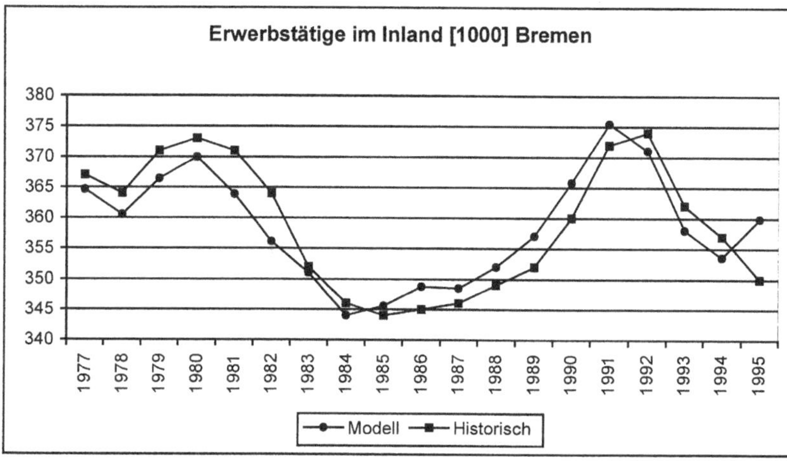

Abbildung 24: Ex-Post-Simulation des BIP

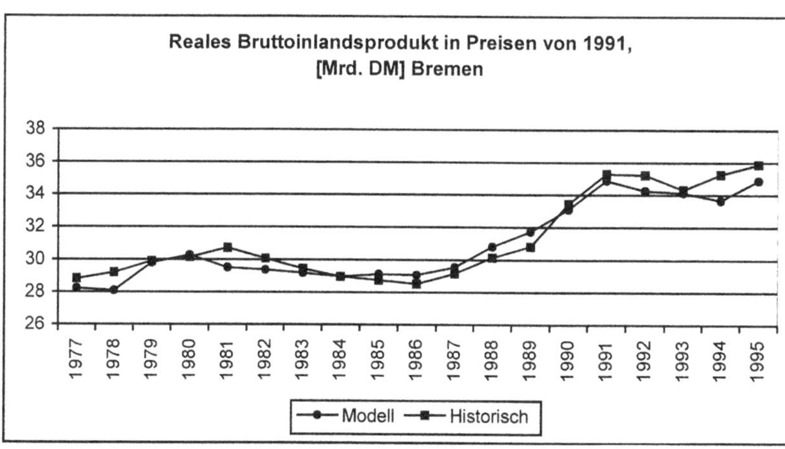

Bei den anschließenden Simulationsstudien steht die Ermittlung der sich als Differenzen zum jeweiligen Basisszenario ergebenden quantitativen Effekte durch den Einfluß des Klimawandels im Vordergrund. D.h. auch, daß die Prognosen nicht die Anforderungen erfüllen müssen, die für Punktprognosen im Rahmen künftiger Konjunktur- und Wachstumsentwicklungen gestellt werden.

3.2.2 Zukünftige ökonomische Entwicklungspfade für die Region

Da sich die Klimaprognosen auf Jahresangaben in der ferneren Zukunft beziehen (2050 und 2100), ist es für die Untersuchung der sekundären ökonomischen Folgen nötig, den gesellschaftlichen Entwicklungszustand entsprechend anzupassen. Um mit dem regionalökonometrischen Modell Prognosen durchführen zu können, bedarf es der Vorgaben bestimmter Rahmenbedingungen, die nicht innerhalb des Modells durch funktionale Beziehungen erklärt werden. Diese Rahmenbedingungen spiegeln sich in der Setzung von Werten der exogenen Variablen wider. Hier können Ergebnisse aus dem Projekt KLIMU verwendet werden, um langfristige Entwicklungspfade zu erarbeiten. Folgende Abbildung veranschaulicht die Konstruktion dreier möglicher Pfade, die im folgenden näher erläutert wird.

Abbildung 25: Konstruktion von Entwicklungspfaden für regionalökonometrische Prognosen

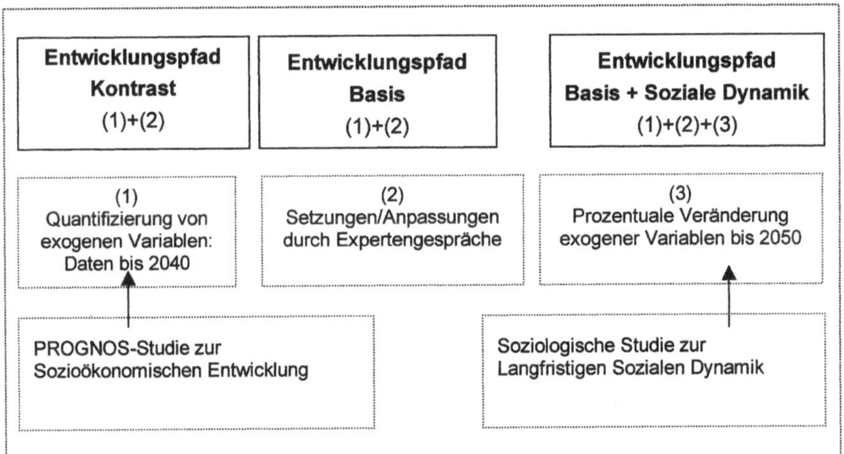

eigene Darstellung

3.2.2.1 *Ableitung regionalökonomischer Entwicklungspfade aus bundesweiten Prognosen*

Innerhalb des Projekts KLIMU wurde ein Gutachten an die *Prognos AG* (Basel) zur Erstellung zweier Entwicklungspfade vergeben. Die vorgelegte Spannbreite möglicher Entwicklungen reicht von einem *"Basisszenario"*, das auf Ergebnissen des *Deutschland Reports Nr. 2*[82] aufbaut, bis zu einem *"Kontrastszenario"*, welches sich an die „untere Variante" des Prognos Rentengutachtens von 1998[83] anlehnt.

Die Projektionen basieren auf zwei Teilmodellen:

- einem demographischen Modell, welches für die Einschätzung der Entwicklung des Erwerbspersonenpotentials die jährlichen Veränderungen der Gesamtbevölkerung aus Annahmen zur Entwicklung der alters- und geschlechtsspezifischen Geburten- und Sterbeziffern und zu den Zuwanderungen und Abwanderungen ableitet, sowie
- einem makroökonomischen Modell, welches im Kern aus den Bereichen gesamtwirtschaftliche Nachfrage mit ihren Multiplikator- und Akzelerator-Effekten einerseits und den Lohn-, Preis- und Produktivitätszusammenhängen andererseits besteht.[84]

Auf der Grundlage der berechneten Ergebnisse können regionale Entwicklungspfade mit dem regionalökonometrischen Modell *brECOmod estuary* simuliert werden, indem die notwendigen Vorgaben der Werte für die exogenen Variablen aus den makroökonometrischen Prognosen der Prognos AG übernommen werden. Dazu sind Anpassungen notwendig bzw. müssen noch zusätzlich eigene Setzungen vorgenommen werden, auf die später näher eingegangen werden wird.

Die Ergebnisse der Simulationen mit dem makroökonometrischen Modell der Prognos AG sind im wesentlichen von zwei Komponenten abhängig: von den gesetzten Rahmenbedingungen und von den im Modell abgebildeten Wirkungszusammenhängen zwischen den einzelnen ökonomischen Größen. Bei den Rahmenbedingungen geht es um Veränderungen im internationalen Umfeld (z.B. Entwicklung der Weltwirtschaft) und Veränderungen im nationalen Umfeld (Lohn- und Tarifpolitik, Finanz- und Steuerpolitik). Zu diesen Rahmen-

[82] vgl. Prognos, 1998
[83] vgl. Eckerle, 1998
[84] vgl. Prognos, 2000, S. 2

bedingungen ist für jedes Szenario ein in sich konsistentes und auch voneinander unterscheidbares Annahmenraster zu formulieren.
Die im folgenden dargestellten Annahmen zur Entwicklung zweier möglicher Entwicklungspfade werden nach vier Themenbereichen geordnet: nationale Entwicklungslinien, internationales Umfeld, technologischer Fortschritt und Politikvorgaben.

1. Langfristige, sich gegenseitig beeinflussende globale Entwicklungslinien der Bundesrepublik Deutschland

- die fortschreitende Globalisierung der Wirtschaft
- die zunehmende Belastung der natürlichen Umwelt durch wirtschaftliche Aktivitäten
- die weitere technische Entwicklung
- die Herausforderungen durch eine alternde Bevölkerung
- die zunehmende Integration in Europa.

Basisszenario

- Der Welthandel wächst zügig und die Liberalisierung der Märkte setzt sich fort (keine unüberwindlichen Hindernisse beim Austausch von Gütern und Dienstleistungen; auch für den Kapitalverkehr bleiben die Märkte offen bzw. öffnen sich zunehmend).
- Die internationale Arbeitsteilung intensiviert sich weiter.
- Kapital und Investitionen tendieren dorthin, wo die größten Renditen erwartet werden, also vornehmlich in Länder mit niedrigerem Einkommensniveau.
- Die Entwicklungsländer können sich gegenüber den Industrieländern behaupten und damit den Welthandel insgesamt beleben: Mit dem Kapitalzufluß und der verstärkten Investitionstätigkeit verbreitert sich die Produktionsbasis dieser Länder, die Produktivität nimmt zu, wodurch dann auch die Exporte gesteigert werden können. Gleichzeitig wächst mit den steigenden Einkommen die Absorptionsfähigkeit dieser Länder, wovon auch die heutigen Industrieländer profitieren.
- Steigender Verbrauch an fossilen Energien:
  - Zum einen besteht die Gefahr kräftig steigender Energiepreise.
  - Zum anderen werden CO_2-Emissionen weiter ansteigen, die nach heutigem Kenntnisstand zu einem großen Teil für den anthropogenen Treibhauseffekt verantwortlich sind und zum Anstieg der globalen Temperatur beitragen.
- Maßnahmen werden ergriffen zur kontinuierlichen und nachhaltigen Steigerung der Energieeffizienz: durch Sparen bei den fossilen Energieträgern, durch fortschrittliche Umwandlungstechniken, Substitution durch regene-

rative Energieträger und allgemein durch Strukturwandel in Richtung energieextensiver Produkte und Prozesse.
- Massive Hilfestellung durch die Industrieländer bieten den Entwicklungsländern Zugang zu den neuesten Technologien im Energieumwandlungsbereich.

Kontrastszenario
- Der Welthandel wächst im Vergleich zum oberen Szenario deutlich langsamer.
- Es überwiegen die negativen Aspekte der Globalisierung und der verschärften internationalen Konkurrenz; die Arbeitsmarktprobleme in den Industrieländern bleiben ungelöst.
- Subventionen nehmen zu.
- Die Bestrebungen nehmen zu, sich gegen die Konkurrenz aus anderen Ländern abzuschotten.
- Durch die „Oligopolisierung der Weltwirtschaft“ schaffen es die jungen Industrieländer und die Entwicklungsländer kaum, ihre spezifischen Wettbewerbsvorteile, z.B. bei den Arbeitskosten, in die internationale Arbeitsteilung einzubringen.
- Es gibt keine wesentliche Handelsliberalisierung.
- Die Einkommensdifferenzen zwischen Entwicklungs- und Industrieländern werden kaum kleiner.
- Einkommensdisparitäten zur EU bleiben hoch und wirken vor allem an der östlichen Nahtstelle zu Deutschland destabilisierend.
- Russland wird kein attraktiver Standort für Auslandsinvestitionen.
- Der Zuwanderungsdruck von Osteuropa in die EU bleibt hoch.
- Energieverbrauchszuwachs, vorbeugende Maßnahmen zur Verbesserung der Energieeffizienz sind ungenügend: das Risiko von Umweltkatastrophen bleibt gegeben.

2. Internationaler Rahmen - Europäisches Umfeld
- mit zunehmendem Integrationsgrad in der bestehenden EU haben die beitrittswilligen Länder einen um so höheren Anpassungsbedarf
- der Wettbewerb innerhalb des gemeinsamen Währungsgebiets wird sich verschärfen
- der Druck auf die Länder zur Aufrechterhaltung der Budgetdisziplin und zu angemessenen Lohnabschlüssen nimmt zu
- der Standortwettbewerb zwischen den EU-Ländern wird sich weiter intensivieren
- die entscheidende Herausforderung der EU in den kommenden Jahrzehnten wird ohne Zweifel die Osteuropa-Integration sein

Basisszenario

- Die WWU ist hinsichtlich der Geldwertstabilität nach innen und aussen weitgehend erfolgreich.
- Die Geldpolitik der EZB ist stabilitätsorientiert.
- Die Einzelländer halten an ihrer Ausgabendisziplin fest.
- Inflationsrate und Zinsen bleiben relativ niedrig.
- Die Lohnpolitik orientiert sich im Grundsatz an den Erfordernissen und realökonomischen Möglichkeiten der einzelnen Länder.
- Für die Steuer-, Finanz- und Umweltpolitik werden EU-weite Grundprinzipien und Konvergenzvorgaben vereinbart.
- Ein im weltwirtschaftlichen Vergleich unterdurchschnittlicher Wachstumsverlauf ist für Westeuropa wahrscheinlich und normal.
- Die EU nimmt die zunehmende Konkurrenz aus Osteuropa an.

Kontrastszenario

- Die Ausgabendisziplin ist weniger ausgeprägt.
- Verstärkte öffentliche Ausgaben fallen an.
- Die Lohnpolitik ist weniger diszipliniert.
- Die Wettbewerbsintensität innerhalb der EU läßt nicht nach und die Geldpolitik ist restriktiv.
- Abschottungstendenzen werden deutlich.
- Die EU als Ganzes verliert als Standort an Attraktivität, weil das Wirtschaftswachstum gering ist.
- Das Interesse an einer Integration der osteuropäischen Transformationsländer ist gering.

3. Technologischer Fortschritt

- der technische Fortschritt erhöht die Produktivität der eingesetzten Produktionsfaktoren
- neben den staatlich gesetzten Rahmenbedingungen wie der Forschungs- und Technologiepolitik, der Bildungspolitik oder auch der Steuerpolitik sind zur Umsetzung auch gesellschaftliche Einstellungen von Bedeutung
- der technische Fortschritt führt zur Entwicklung neuer Produkte und Märkte, er bewirkt die Verbesserung der Produktionstechnik, regt die Investitionsnachfrage an, senkt die Kosten und Preise und steigert dadurch die Wettbewerbsfähigkeit
- der Fortschritt in der Informations- und Kommunikationstechnik wird nicht nur den wirtschaftlichen Strukturwandel und die Globalisierung der Märkte vorantreiben, sondern auch die Formen des Arbeitens und der Freizeitnutzung verändern und die Produktivitätspotentiale kräftig und weltweit erhöhen

- für die Formulierung der Entwicklungspfade in den beiden Szenarien wird davon ausgegangen, daß das technologische Potential in beiden Szenarien gleich groß ist

Basisszenario
- offensive Strategien werden geführt, die Deutschland wie bisher zum Produktionsstandort für hochwertige, innovative Erzeugnisse machen
- durch das günstige Investitionsklima und das relativ hohe Wachstum der Ausrüstungsinvestitionen werden die Neuerungen schnell in neue Produkte und Produktionsprozesse umgesetzt: First-Mover-Gedanke
- Bildungs- und Qualifikationsoffensive: Subventionierung niedrigerer Einstiegslöhne bei geringer Qualifizierung

Kontrastszenario
- Es herrscht Skepsis gegenüber neueren Techniken und Abwehrreaktionen.
- Aufgrund des niedrigen Investitionswachstums herrschen ohnehin die Rationalisierungs- und Prozeßinvestitionen vor, während die Investitionen in neue Produkte zu gering ausfallen.
- Die betroffenen Sektoren und Branchen werden durch Subventionen gestützt.
- Änderungen in der Qualifikationsstruktur halten mit dem technischen und sektoralen Strukturwandel nicht Schritt.

4. Rahmensetzungen in der nationalen Wirtschaftspolitik
- inwieweit erkennt die Gesellschaft den technischen Fortschritt als Bedingung für weiteres Wirtschaftswachstum an und akzeptiert gleichzeitig die damit verbundenen Risiken
- Haltung zur Rolle der Bildungspolitik, zur schulischen und beruflichen Ausbildung, zur Aus- und Weiterbildung (Humankapitalinvestitionen), die wesentlich die Anpassungsfähigkeit der Arbeitskräfte an den Strukturwandel bestimmt
- Gestaltung der Tarifpolitik: Flexibilisierung der Arbeitszeit und der Löhne
- in beiden Szenarien wird unterstellt, daß die Zahl der beim Staat Beschäftigten sinkt

Basisszenario
- Die Tarifpolitik ist im Grundsatz an der Produktivitätsentwicklung ausgerichtet.
- Die Veränderung der Lohnnebenkosten, der Sozialabgaben oder auch Pensionslasten werden berücksichtigt. Maßstab sind die gesamten Arbeitskosten.
- Es erfolgt eine stärkere Differenzierung der Löhne.

- Die Arbeitszeit wird flexibilisiert.
- Die Quote der Nettoneuverschuldung wird z.T. deutlich unter der 3 %-Grenze, bezogen auf das BIP, gehalten.
- Höheres Wirtschaftswachstum, eine konsequente, mittelfristig ausgelegte Konsolidierungsstrategie und ein relativer Subventionsabbau erleichtern die Reduzierung der Defizitquote.
- Die Lohnsteuerquote wird gehalten.
- der Mehrwertsteuersatz wird in gewissen Zeitabständen angehoben.

Kontrastszenario
- Die Lohnquote liegt höher.
- Die Arbeitszeiten werden reduziert.
- Bildungspolitische Instrumente und Qualifizierungsmaßnahmen werden nicht konsequent, d.h. präventiv eingesetzt.
- Produktivitätsunterschiede zwischen den Branchen sind eher größer.
- Die Verschuldungsquote steigt mittelfristig wieder an, was bedeutet, daß die Gesamtverschuldung weiter ansteigt.
- Die Lohnsteuerquote liegt im Kontrast-Szenario durchweg höher als im Basis-Szenario, das gilt auch für den Mehrwertsteuersatz.

Abbildung 26 zeigt den Verlauf des Bruttoinlandsprodukts bis zum Jahr 2040 gemäß dem Basis- und dem Kontrast-Szenario der Prognos AG nach Maßgabe der oben beschriebenen Rahmenannahmen.

Abbildung 26: Entwicklungspfade des realen Bruttoinlandsprodukts des Bundes (Prognos AG)

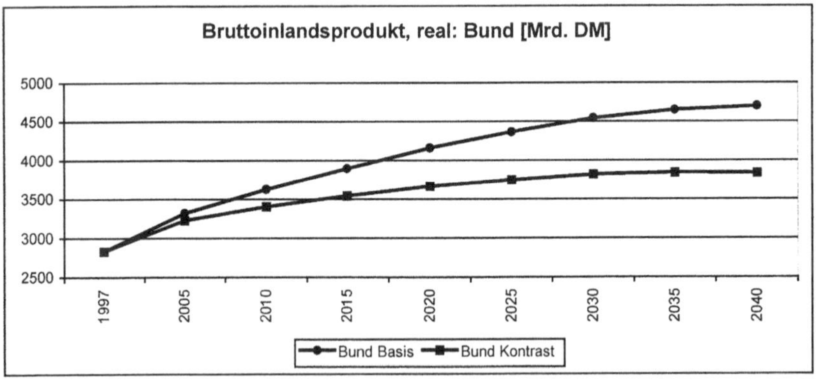

Abbildung 27 zeigt den Verlauf der Erwerbstätigen des Bundes bis zum Jahr 2040 gemäß des Basis- und des Kontrast-Szenarios der Prognos AG unter Verwendung der oben beschriebenen Entwicklungspfade.

Abbildung 27: Entwicklungspfade der Erwerbstätigen des Bundes (Prognos AG)

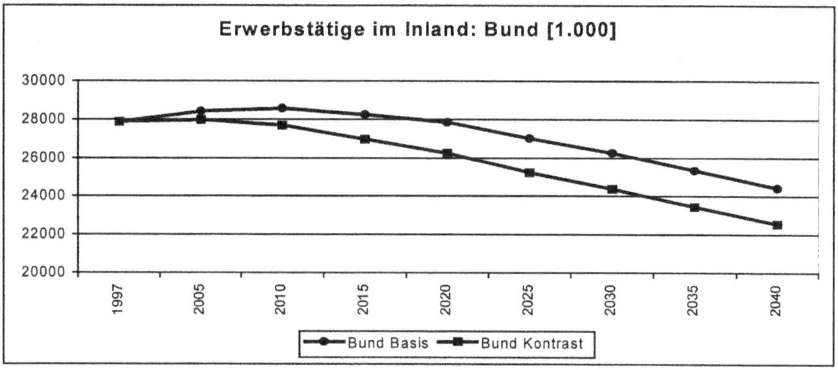

Die Prognosen mit dem makroökonometrischen Modell der Prognos AG haben zu Variablenwerten geführt, die für das regionalökonometrische Modell *brECOmod estuary* zum Teil als Vorgaben für die exogenen Variablen herangezogen werden können.

Tabelle 11 zeigt die Liste der exogenen Variablen des Modells *brECOmod estuary* sowie Angaben, in welchem Umfang die Werte der Prognos-Studien übernommen wurden. So konnten teilweise nur die Veränderungsraten übernommen werden, da die Variablen in ihrer Definition nicht exakt übereinstimmten. Andererseits mußten eigene Setzungen durchgeführt werden, dies insbesondere für die Variablen auf der regionalen Ebene von Bremen.

Tabelle 11: Gegenüberstellung der exogenen Variablen des Modells brECOmod estuary und der von PROGNOS zur Verfügung gestellten Daten

Exogene Variablen *brECOmod* estuary	**Entsprechende Prognos-Daten**	**Anpassungsbedarf bzw. eigene Berechnungen**	**Variablen-quelle für Prognos**
Einwohner (Bremen)	Bevölkerung (Bremen)	OK	Demogr. Modell
Staatliche Investitionen, nominal (Bremen)	Staatl. Bruttoanlageinvest. (D)	Veränderungsrate übernommen	
Subventionen (Bremen)	Subventionen in % des BIP (ABL)	Subv (%) des BIP (ABL) *BIP (Bremen)	
Selbständige Inländer (Bremen)	Keine	Wachstumsrate von 1% (gesetzt)	
Lohnabhängige Inland, Staat (Bremen)	Keine	Wachstumsrate von 0,15% (gesetzt)	
Einwohner (ABL)	Wohnbevölkerung (ABL)	OK	Demogr. Modell
Lagerinvestitionen, reale (ABL)	Lagerbestandsveränderungen (ABL)	Veränderungsrate übernommen	Endogen
Exportvolumen (D)	Ausfuhr W&D (ABL)	Veränderungsrate übernommen	Endogen
Exportvolumen, Güter, D	Ausfuhr Waren (ABL)	Veränderungsrate übernommen	Endogen
Staatliche Investitionen, brutto, nominal (D)	Staatl. Bruttoanlageinvestition (ABL)	OK	Exogen
Arbeitslosenquote (D) =AL/(Erwerbstätige+AL)	Gemeldete Arbeitslose, Erwerbstätige Inländer	Trend der Prognos-Daten bis 2010	Endogen
Durchschnittliche tarifliche Jahresarbeitszeit (ABL)	Mittlere Arbeitszeit je Arbeitnehmer (h) incl. Überstunden, Teilzeit, (ABL)	Veränderungsrate (Prognos: effektive Jahresarbeitszeit)	Exogen
Durchschnittlicher Lohnsteuersatz (D)	Lohnsteuerquote (D)	Bis 1997 Lohnsteuersatz ab 1998 Prognos: Lohnsteuerquote*100	Endogen
Bruttolohnsatz, Gesamtwirtschaft (ABL)	Bruttolohn-/-gehaltsumme je Arbeitnehmer Inländer	Konvergenzproblem, Trendfortschreibung	Endogen
Summe der Sozialversicherungssätze (D)	Summe Sozialversicherungssätze (D)	Sozialversicherungssätze *100	Endogen
Mehrwertsteuersatz (Regelsatz)	Mwst-Satz	OK	Exogen
Langfristiger Zinssatz (10-Jahres-Bonds), nominal	Langfristiger Realzins Langfristiger Nominalzins	OK	Exogen Endogen
Kurzfristiger Zinssatz (3-Monats-Geld), nominal	Kurzfristiger Realzins Kurzfristiger Nominalzins	OK	Exogen Endogen
Deflator Staatliche Investitionen (D) (1991=100)	Deflator Bruttoanlageinvestition, Staat (1991=1)	OK	Endogen
BIP-Deflator (D) (1991=100)	Preise BIP (1991=1)	OK	Endogen
Deflator der Bruttoanlageinvestitionen des U.sektors o. Wohnungsbau (D) (1991=1)	Preise Bruttoanlageinvestitionen (1991=1)	OK	Endogen
Konsumdeflator (D) (1991=100)	Preise Privater Verbrauch (1991=1)	OK	Endogen
Preisindex der Güterimporte (D) (1991=100)	Preise Einfuhr Waren (1991=1)	OK	Endogen
Ölpreisindex auf Dollarbasis	Oelpreisindex reale $/barrel	OK	Exogen

ABL: Alte Bundesländer; D: Deutschland
eigene Darstellung

Somit wurden die exogenen Variablen von *brECOmod estuary* nach den Angaben aus der Analyse des Basis- und des Kontrastszenarios bestimmt, um schließlich eine Bandbreite zukünftiger Entwicklungen auch mit dem regionalökonometrischen Modell aufzeigen zu können. Da die exogenen Variablen nur bis zum Jahr 2040 vorliegen, mußte dieses Jahr als Bezugspunkt für das Eintreten der im Klimaszenario eigentlich für das Jahr 2050 beschriebenen Situation gewählt werden.

Abbildung 28 zeigt den Verlauf des realen Bruttoinlandsprodukts Bremens, wenn die aus obiger Analyse gewonnenen Verläufe für die exogenen Variablen innerhalb des Modells *brECOmod estuary* verwendet werden.

Abbildung 28: Entwicklungspfade des realen Bruttoinlandsprodukts Bremens (brECOmod estuary)

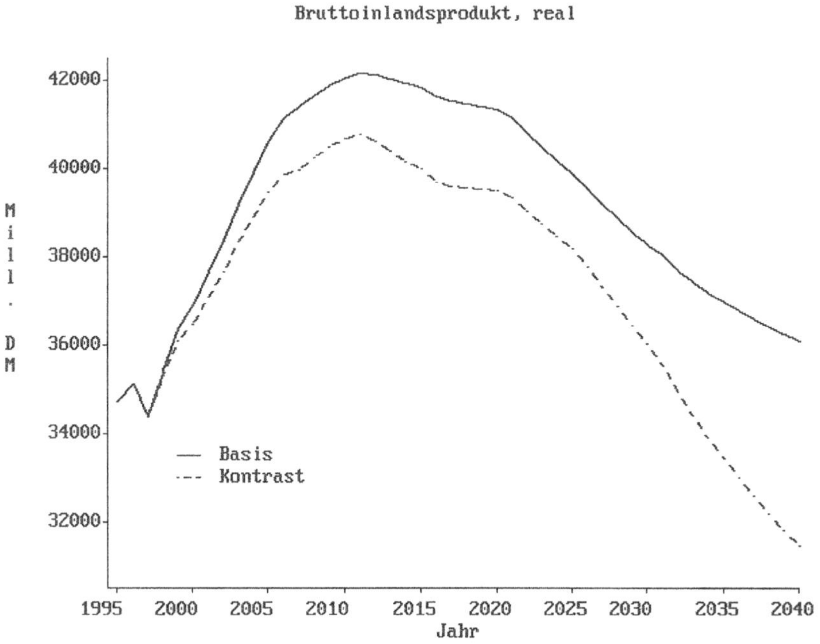

Damit steht ein regionalökonometrisches Prognosemodell für die Region zur Verfügung.

Um eine Übersicht über die bisherigen Analysefortschritte zu bekommen, wird *Abbildung 21* um den methodischen Baustein "Regionales ökonometrisches Modell" erweitert (s. *Abbildung 29*). Noch zu klären bleibt die Implementation des räumlichen und des sektoralen Clusters in das Modell. Zuvor sollen jedoch noch die zwei bisherigen Entwicklungspfade um einen weiteren ergänzt werden.

Abbildung 29: Konzeption der Schnittstellen – Teil 2

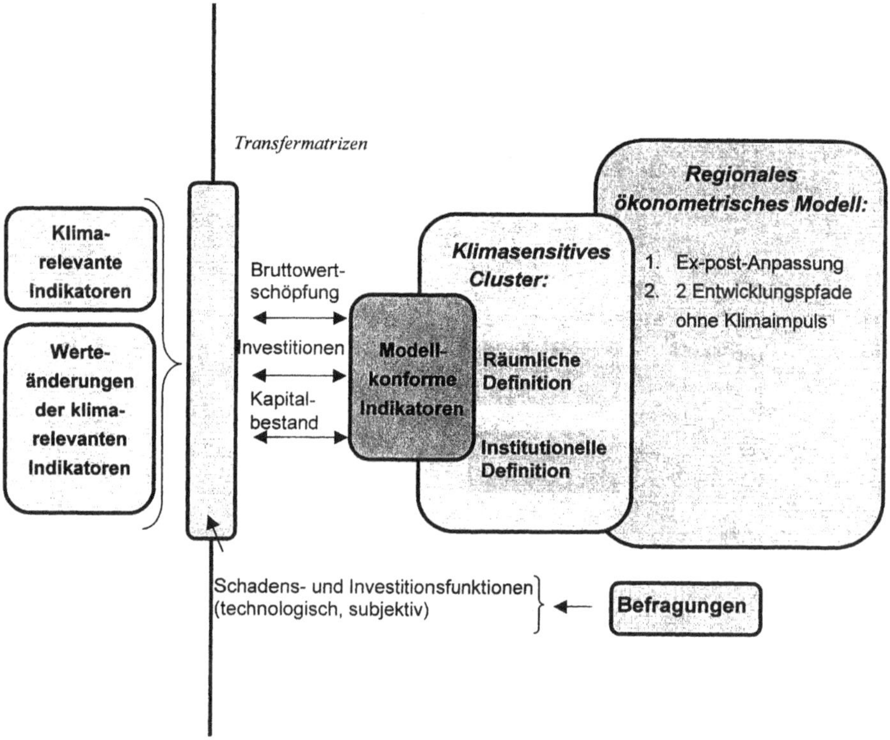

Wie erläutert, richten sich die exogenen, also die vom Modell nicht zu beeinflussenden Faktoren auf vier Bereiche: nationale Entwicklungslinien, internationales Umfeld, technologischer Fortschritt und Politikvorgaben. Für langfristige Betrachtungen sozioökonomischer Entwicklungen sind aber auch soziokulturelle und sozialpolitische Tendenzen zu beachten. Diese Tendenzen beeinflussen langfristig sicherlich auch die ökonomische Entwicklung, so daß auch Integrationsmöglichkeiten der sozialen Dynamik zu diskutieren sind.

Bei der Integration der sozialen Dynamik sind zwei methodische Vorgehensweisen denkbar: Zum einen können soziale Trends durch zusätzliche Spezifizierungen das Modell ergänzen oder durch die Veränderung exogener Variablen des Modells indirekt aufgenommen werden.

Für eine erweiternde Spezifizierung des Modells muß das Phänomen des sozialen Wandels durch quantifizierbare Indikatoren ausgedrückt werden, für die dann eine historische Datenbasis erstellt werden kann. Aufgrund dieser historischen Daten könnten dann die Indikatoren mit in die Gleichungen aufgenommen werden, um den Erklärungsgehalt der Indikatoren mit ökonometrischen Schätzverfahren zu prüfen. Ausgehend von Annahmen zu funktionalen Beziehungen zwischen den Indikatoren der sozialen Dynamik und den ökonomischen Variablen des regionalökonometrischen Modells könnten diese Annahmen wiederum mittels der Schätzungen empirisch überprüft und ggf. neu formuliert werden. Diese Vorgehensweise ist sehr zeitaufwendig und bedarf ausführlicher Analysen, um zu zufriedenstellenden Formulierungen der funktionalen Beziehungen zu gelangen. Im folgenden wird die methodisch weniger anspruchsvolle Variante gewählt, das rein ökonomisch ausgerichtete Modell mit sozialen Entwicklungsaspekten zu "veredeln": die manuelle Änderung der Vorgaben für die exogenen Variablen aufgrund eines sozialstrukturellen, sozialkulturellen und sozialpolitischen Szenarios.

3.2.2.2 Regionalökonomische Entwicklungspfade unter Einbeziehung der sozialen Dynamik

Der Arbeitsbericht "Der langfristige Wandel und seine Interpretation in ökonometrische Langfristprognosen" [85] für das Projekt KLIMU entwickelt Vorschläge, wie die soziale Dynamik in ein ökonometrisches Modell zur Erstellung von Zukunftsszenarien für die Jahre 2020 und 2050 integriert werden kann. Der Bericht baut auf eine Literaturrecherche internationaler soziologischer Zukunftsstudien auf.[86] Die Ergebnisse dieser Literaturrecherche wurden hinsichtlich der Möglichkeiten der Integration in das ökonometrische Modell ausgewertet.

Zur Beschreibung der Entwicklung der sozialen Dynamik wurde zunächst ein entsprechender Indikatorensatz herausgearbeitet (siehe *Tabelle 12*). Mit diesen sozialen Indikatoren wurden mögliche Entwicklungspfade der sozialen Dynamik beschrieben und ihre Auswirkungen auf die exogenen Variablen des ökonometrischen Modells quantifiziert.

---

[85] vgl. Schulz, 2000
[86] vgl. Schulz, 1999

Die Auswahl der Indikatoren stellt einen Versuch dar, die bedeutendsten Prozesse der sozialen Dynamik abzubilden. Da für diese Auswahl von Indikatoren Quantifizierungen der exogenen Variablen vorliegen, wird sie auch im folgenden weiter verwendet. Es ist aber noch darauf hinzuweisen, daß die Besetzung von mindestens ein Drittel aller Führungspositionen durch Frauen in einer Delphi-Befragung als Megatrend neben dem technischen Fortschritt, den Entwicklungen in der Europäischen Union und der sich wandelnden Altersstruktur in der Bevölkerung genannt wird.[87] Ob sich dieser Trend entsprechend durchsetzt, bleibt offen. Es ergibt sich allerdings aus dieser Aussage die Notwendigkeit, neben der sozialen Ungleichheit die geschlechtsspezifische Ungleichheit als Indikator aufzunehmen. Zudem wird zwar der Wandel der Arbeit in der Liste der Trends berücksichtigt, nicht aber weiter in entsprechende Indikatoren ausformuliert. Tatsächlich wird insbesondere der Wandel von Arbeits*verhältnissen* besondere Bedeutung erlangen. Die bisherige eindimensionale Betrachtung von Erwerbsarbeit wird sich im Zuge gesellschaftlicher Neubewertungen überholen und der Arbeitsbegriff in die Vielfalt von Versorgungsarbeit, BürgerInnen-Arbeit und Eigenarbeit neben der weiter bestehenden Erwerbsarbeit aufgehen.[88]

---

[87] vgl. IWD, 1997
[88] vgl. Biesecker, 2000, S. 208ff.

Tabelle 12: Indikatoren zur Beschreibung der sozialen Dynamik[89]

TREND/PROZESS	INDIKATOR/MESSGRÖSSE
DEMOGRAPHISCHER WANDEL	
Bevölkerungsabnahme	Bevölkerungszahl (B)
Alterung	Alterslastkoeffizient (A)
Gesundheitsentwicklung	Gesundheit (G) Gesundheitskosten (G$)
Abnehmende Haushalts- u. Familiengröße	Haushaltsgröße (HG) Anzahl von Haushalten (H)
SOZIALSTRUKTURELLER WANDEL	
Beschleunigung der sozialen Mobilität	soziale Mobilitätsrate (MS)
Wandel der sozialen Ungleichheit	soziale Ungleichheit (UD)
Veränderung sozialer Konfliktaustragung	soziales Spannungs- und Konfliktpotential (K) Konfliktkosten (K$)
Flexibilisierung sozialer Netzwerke	geographische Mobilität (MG)
SOZIOÖKONOMISCHER WANDEL	
Wandel der Arbeit	Arbeitslosenziffer (AL) Zahl der Arbeitsplätze (AP)
Steigender Lebensstandard	materieller Lebensstandard (LS)
Ökologisch verträglichere Konsumtion	Öko-Verträglichkeitsgrad d. Konsumtion (ÖKV)
SOZIOKULTURELLER WANDEL	
Postmaterialisierung	postmaterialistische Werthaltungen (PM)
Veränderung von Problembewußtsein	Perzeption von (Umwelt-)krisen (CP)
Wandel subjektiven Wohlbefindens	subjektive Zufriedenheit (S)
Reflexive Modernisierung (RW)	Bildung (E) Bildungsausgaben (E$) Ausgaben für Forschung u. Wissenschaft (R$)
Globalisierung sozialer Identität (I)	universale Orientierungen (uO)/ Problembewußtsein (uP)/ Solidaritäten (uS)
SOZIOPOLITISCHER WANDEL	
Demokratisierung (D)	politische Einflußmöglichkeit *(efficacy)* (PE) politische Partizipation (PP) transnationale ökolog. Mobilisierung (TÖM)
Gestaltungs- und Steuerungskapazität von Staaten (PK)	Staatsausgaben (generell) (S$)
Globale Kooperation zum nachhaltigen Umgang mit den natürlichen Lebensgrundlagen (GÖK)	Zahl internationaler Normen u. Verträge (IV) Staatsaugaben (für globale Kooperation) (Sg$)

Zu den Tendenz-Veränderungen der sozialen Indikatoren in Abhängigkeit von zwei Entwicklungspfaden siehe *Tabelle 13*.

[89] vgl. Schulz, 2000, S. 27 (hier in verkürzter Form)

Tabelle 13: Trends der sozialen Dynamik[90]

TREND/PROZESS	INDIKATOR/MESSGRÖSSE	Szenario 1 (Basis)	Szenario 2 (Positiv)
DEMOGRAPHISCHER WANDEL			
Bevölkerungsabnahme	Bevölkerungszahl (B)	endogen	endogen
Alterung	Alterslastkoeffizient (A)	↑	↑
Gesundheitsentwicklung	Gesundheit (G) Gesundheitskosten (G$)	↑ ↑	↑ ↑
abnehmende Haushalts- u. Familiengröße	Haushaltsgröße (HG) Anzahl von Haushalten (H)	↓ ↑	↓ ↑
SOZIALSTRUKTURELLER WANDEL			
Beschleunigung der sozialen Mobilität	Soziale Mobilitätsrate (MS)	↓	↑
Wandel der sozialen Ungleichheit	Soziale Ungleichheit (UD)	↑	↓
Veränderung sozialer Konfliktaustragung	Soziales Spannungs- und Konfliktpotential (K) Konfliktkosten (K$)	↑ ↑	↓ ↓
Flexibilisierung sozialer Netzwerke	Geographische Mobilität (MG)	↑	↑
SOZIOÖKONOMISCHER WANDEL			
Wandel der Arbeit	Arbeitslosenziffer (AL) Zahl der Arbeitsplätze (AP)	endogen endogen	endogen endogen
Steigender Lebensstandard	materieller Lebensstandard (LS)	↑	↑
Ökologisch verträglichere Konsumtion	Öko-Verträglichkeitsgrad d. Konsumtion (ÖKV)	0	↑
SOZIOKULTURELLER WANDEL			
Postmaterialisierung	postmaterialistische Werthaltungen (PM)	↑	↑
Veränderung von Problembewußtsein	Perzeption von (Umwelt-)krisen (CP)	↑	↑
Wandel subjektiven Wohlbefindens	subjektive Zufriedenheit (S)	↓	0
Reflexive Modernisierung (RW)	Bildung (E) Bildungsausgaben (E$) Ausgaben für Forschung u. Wissenschaft (R$)	↑ ↑ ↑	↑ ↑ ↑
Globalisierung sozialer Identität (I)	universale Orientierungen (uO)/ Problembewußtsein (uP)/ Solidaritäten (uS)	0 0 0	↑ ↑ ↑
SOZIOPOLITISCHER WANDEL			
Demokratisierung (D)	politische Einflußmöglichkeit (efficacy) (PE) politische Partizipation (PP) transnationale ökolog. Mobilisierung (TÖM)	0 0 0	↑ ↑ ↑
Gestaltungs- und Steuerungskapazität von Staaten (PK)	Staatsausgaben (generell) (S$)	↓	↑

[90] vgl. ebd., S. 28

Globale Kooperation zum nachhaltigen Umgang mit den natürlichen Lebensgrundlagen (GÖK)	Zahl internationaler Normen u. Verträge (IV)	0	↑
	Staatsaugaben (für globale Kooperation) (Sg$)	0	↑

Legende: ↑ steigend; ↓ sinkend; 0 gleichbleibend

Die langfristige soziale Entwicklung wurde in zwei verschiedenen Szenarien modelliert. Ein Szenario beruhte dabei auf der einfachen Fortschreibung gegenwärtiger Trends, das andere basiert auf einer allgemein positiveren Entwicklung.

Die einzelnen Sozialindikatoren wurden darauf hin untersucht, welche grundsätzlichen relevanten Wirkungen sie auf die verschiedenen Arten ökonomischer Variablen ausüben und wie sich diese Wirkungen in ihrer szenarienspezifischen Ausprägung operationalisieren lassen.

Es läßt sich feststellen, daß die sozialen Indikatoren mit Ausnahme derpreislichen Deflator-Variablen prinzipiell alle ökonomischen Kategorien des ökonometrischen Modells beeinflussen. Die Variablen der Kategorie Demographie werden bereits vom Sozialindikator Wandel der Haushalts- und Familienstrukturen thematisiert. Die Haushaltsgröße ist der Quotient aus den Zahlen der Bevölkerung und der Haushalte. Beeinflußt wird die Haushaltsgröße insbesondere durch die Subfaktoren Individualisierung, soziale und geographische Mobilität, Flexibilität der sozialen Netzwerke, der Dynamik des Wirtschaftssystems und staatlicher Sicherungssysteme. Mit Bezug auf die regionalräumliche Dimension des ökonometrischen Modells ist anzumerken, daß die Qualität der Wirkung der Sozialindikatoren auf die wirtschaftlichen Variablen Bruttowertschöpfung und Erwerbstätigenzahlen im Land Bremen prinzipiell die gleiche ist wie in den Landkreisen Cuxhaven, Osterholz und Wesermarsch. Ferner ist anzumerken, daß der Restposten nebst seinen Komponenten von den operationalisierten Auswirkungen der sozialen Indikatoren nicht betroffen ist und daher unberücksichtigt bleibt.

Den beiden Zukunftsszenarien, auf die hier Bezug genommen wird, liegen kontrastierende, jedoch jeweils für möglich gehaltene Annahmen zu den Haupttrends in der sozialen Wandlungsdynamik zugrunde. Szenario 1 schreibt die gegenwärtig erkennbaren Trends in den Bereichen Sozialstruktur, Wirtschaft, Kultur und Politik einfach fort. Zwar wird ein weltwirtschaftliches Wachstum von circa 3 Prozent angenommen, doch übersteigt dies wegen des Versäumens einer zureichenden Berücksichtigung ökologischer Erfordernisse die Belastbarkeit der natürlichen Lebensgrundlagen.

Im Gegensatz dazu ist Szenario 2 optimistischer und geht von umfassenden Reformen aus. Methodisch bündelt es die jeweils günstigeren Annahmen zu den Bereichen Sozialstruktur, Wirtschaft, Kultur und Politik. Es beschreibt einen künftigen Entwicklungsverlauf, bei dem es zu keinen großen Kriegen und Katastrophen kommt.

Die Integration sozialer Entwicklungen in das regionalökonometrische Modell wurde mittels einer Transfermatrix vorgenommen (*Tabelle 14*): Die Kopfzeile enthält die durch Expertengespräche ausgewählten sozialen Indikatoren, die bei längerfristiger Betrachtung zu signifikanten Änderungen (in der Matrix mit + oder – bzw. mit verdoppelten Zeichen für einen jeweiligen stärkeren Einfluß gekennzeichnet) der exogenen Variablen des regionalökonometrischen Modells führen werden. Hinter den einzelnen markierten Feldern der Matrix stehen wiederum Angaben, wie sich die Werte der exogenen Variablen, die bis zum Jahr 2050 nach zwei möglichen Szenarien aufgeschlüsselt sind, entwickeln werden.

Da die demographische Entwicklung sowie die Entwicklung der sozioökonomischen Indikatoren schon innerhalb der Prognosen von Prognos behandelt wurden und zur Vermeidung von Doppelzählungen hier nicht berücksichtigt werden können, wird sich die Analyse des rein „sozialen Wandels" auf die Bereiche sozialstruktureller, sozialkultureller und sozialpolitischer Wandel beschränken.

Tabelle 14: Transfermatrix Soziale Dynamik / Regionalökonometrisches Modell (Auszug): Wirkung der sozialen Indikatoren auf die ökonomischen Variablen[91]

EXOGENE VARIABLEN (*BRECOMOD ESTUARY*)	SOZIALE INDIKATOREN: Sozialstruktureller Wandel				Soziokultureller Wandel					Soziopolitischer Wandel		
	MS	UD	K	MG	PM	CP	S	B	I	D	PK	GK
Staatliche Investitionen, nominal			+	+							+	
Selbständige Inländer								+		+		
Lohnabhängige im Inland, Staat			+								+	
Einwohner (alte Bundesländer, ALB)						-						
Lagerinvestitionen, reale (ALB)			+			+						
Exportvolumen (Deutschland)				+				+				
Exportvolumen, Güter, Deutschland								+				
Arbeitslosenquote (Deutschland)	-			-				-				
Durchschnittliche tarifliche Jahresarbeitszeit (ABL)					--							
Durchschnittlicher Lohnsteuersatz					+			+			+	
Bruttolohnsatz, Gesamtwirtschaft (ABL)								+				
Summe der Sozialversicherungssätze					++				++			
Mehrwertsteuersatz (Regelsatz)											+	

Erklärung der Abkürzungen: s. *Tabelle 13*

Legende:

++ stark positiv
\+ leicht positiv
0 keine
\- leicht negativ
-- stark negativ

So wurde etwa angenommen, daß bei einer positiveren Gesundheitsentwicklung die Summe der Sozialversicherungssätze sinken wird, daß beim Anstieg der geographischen Mobilität ein spürbarer Einfluß auf die bundesweite Arbeitslosigkeit zu verzeichnen ist und daß eine Verbreitung postmaterialistischer Werthaltungen bei allgemein gegebener Grundsicherung die durchschnittliche tarifliche Jahresarbeitszeit sinken lassen wird.

In Expertengesprächen wurden Quantifizierungen[92] dieser Entwicklungen vorgenommen, so daß die *Integration der sozialen Dynamik* über die prozent-

[91] vgl. ebd., S. 46
[92] vgl. ebd. S. 37ff.

weise Veränderung der Werte der *exogenen Variablen* des regionalökonometrischen Modells erfolgen konnte.

Durch die Vorgabe verschiedener Entwicklungsverläufe soll ein möglichst breites Spektrum aufgefächert werden. In dieser Arbeit wird nur noch der positive Entwicklungspfad der obigen Analyse weiter verwendet, da sich die Trend-Version nicht wesentlich von dem negativen Entwicklungspfad der Prognos AG unterscheidet und die Trend-Version nach der ökonometrischen Umsetzung (z.B. als BIP-Verlauf) innerhalb des Spektrums der drei restlichen Entwicklungspfade verläuft.

Abbildung 30 zeigt die Verläufe der ausgewählten möglichen Entwicklungspfade, wie sie das regionalökonometrische Modell *brECOmod estuary* simuliert.

Abbildung 30: Entwicklungspfade für das reale Bruttoinlandsprodukt inklusive Berücksichtigung der sozialen Dynamik im Positiv-Szenario (*brECOmod estuary*)

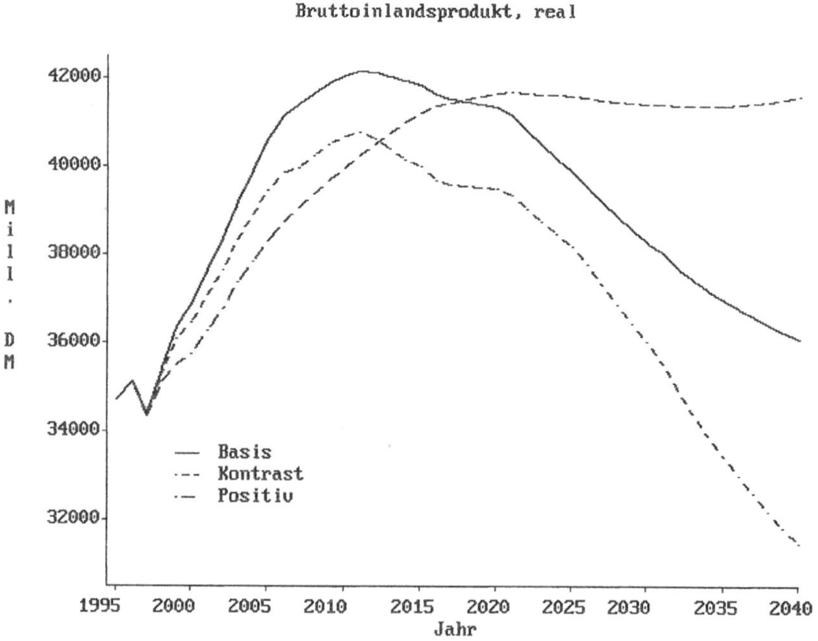

3.2.2.3 Sensitivitätsanalyse ausgewählter exogener Variablen

Da die exogenen Variablen die Entwicklung der ökonomischen Größen determinieren, ist eine Analyse der Sensitivität dieser Variablen sinnvoll, um die mögliche Bandbreite der Ergebnisse aufzufächern und eventuelle extreme Lösungen an den Rändern aufzudecken.

Bei der Festlegung der Werte für die exogenen Variablen haben sich besonders bei den Größen auf der Ebene Bremens (staatliche Investitionen, Subventionen, Selbständige, Lohnabhängige) Unsicherheiten ergeben. Während bei diesen Werten Expertenschätzungen die Grundlage bildeten, wurde bei den anderen Werten auf weitere ökonometrische Studien zurückgegriffen.

Ausgehend vom Entwicklungspfad "Basisverlauf" werden im folgenden die Wachstumsraten ausgesuchter exogener Variablen um einen Prozentpunkt (bei Konstanthalten der anderen Variablenwerte) erhöht und gesenkt, um die Sensitivität der Setzungen einschätzen zu können, gegebenenfalls Unsicherheiten explizit zu machen und eventuell zusätzlichen Bedarf an gesicherteren Datenvorgaben anzumelden (vgl. *Tabelle 15*).

Im Basisverlauf beträgt die Wachstumsrate der staatlichen Investitionen 3%. Für die Sensitivitätsanalyse beträgt die Rate deshalb 4% (a) und 2% (b). Für die Subventionen wird die Wachstumsrate von 1,09% auf 2,09% (a) und 0,09% (b) verändert. Die Wachstumsrate der Selbständigen beträgt im Basisverlauf 1% und wird auf 2% (a) erhöht bzw. mit der Rate von 0% (b) konstant gehalten. Bei den staatlich Lohnabhängigen wird die Veränderungsrate von 0,153% auf 1,153% (a) und -0,847% (b) verändert.

Die Ergebnisse aus der Variation der Werte für die einzelnen exogenen Variablen werden anhand der endogenen Variablen Bruttoinlandsprodukt analysiert. Dazu wird der 40-jährige Verlauf in die ansteigende Phase (2000-2011) und die absteigende Phase (2011-2040) unterteilt, und die Veränderungsrate der Werte von 2000 und 2011 und die Veränderungsrate der Werte in den Jahren 2011 und 2040 berechnet. Anhand dieser Raten können die unterschiedlichen Sensitivitäten der exogenen Variablen ausgemacht werden.

Insgesamt ist festzustellen, daß die Änderung der Wachstumsraten nicht zu auffälligen Änderungen der Verläufe des Bruttoinlandsprodukts geführt hat. Die Änderungsraten im Basisverlauf liegen jeweils in der Mitte der beiden Simulationen a und b. Die starke Abweichung bei Änderung der staatlich Lohnabhängigen ist durch die verhältnismäßig hohe Änderung der Wachstumsraten gegenüber dem Wert aus den Basisannahmen zu begründen.

Tabelle 15: Veränderungsraten des Bruttoinlandsprodukts bei Variation der Wachstumsraten ausgesuchter exogener Variablen um jeweils 1 Prozentpunkt

		Veränderungsrate BIP [%] 2000 zu 2011	**Veränderungsrate BIP [%] 2011 zu 2040**
Basisverlauf		14,97	-13,51
Staatliche Investitionen	a	15,33	-12,61
	b	14,64	-14,05
Subventionen	a	15,11	-13,31
	b	14,93	-13,76
Selbständige	a	15,13	-13,24
	b	14,81	-13,78
staatliche Lohnabhängige	a	18,49	- 7,92
	b	12,86	-18,56

Insgesamt ergibt diese Sensitivitätsanalyse keine extremen Reaktionen im Modell, so daß die relativ unsicheren Setzungen der exogenen Variablen auf der Ebene des Landes Bremen zumindest für den Verlauf der hier besonders interessierenden Variablen (BIP) als das Modellverhalten nicht gefährdend einzuschätzen sind.

3.2.3 Formulierung der Impulse der Klimafolgen

Die Ergebnisse der Befragung zur Kapitalstockänderung betreffen nicht den Fall eines Deichversagens, sondern allein die sich aus der Erhöhung des Weserwasserstandes ergebenden Überflutungen. Diese Impulse sind deshalb eher als gering einzuschätzen und werden im folgenden nicht mit dem regionalökonometrischen Modell analysiert. Es bietet sich an, die für Brake errechneten Schäden am Kapitalstock in Prozent des sektoralen Kapitalstocks von Brake auszuweisen und diese Prozentangaben auf den Raum Bremen zu übertragen. Damit kann ein Deichversagen für Bremen simuliert und die aus der lokalen Bewertungsstudie gewonnenen detaillierten Kenntnisse über sektorale Kapitalstockschäden verwendet werden. Dazu muß festgelegt werden, in welchem Zeitrahmen der Impuls für das räumliche Cluster verlaufen soll und in welcher sektoralen Aufteilung er gegliedert werden muß, um konform mit dem Modell zu sein.

Auch für das sektorale Cluster muß die zeitliche Struktur und die Verteilung der Wirkungsintensität des aus der Befragung gewonnenen Impulses definiert werden.

3.2.3.1 Impulse für das räumliche Cluster

Zur Simulation der Klimafolgen bzw. speziell des Meeresspiegelanstiegs, wird angenommen, daß das Szenario eines Deichversagens im Jahr 2030 eintreffen wird. Damit können die Folgen für die ökonomische Struktur der Region noch 10 Jahre (bis 2040) mithilfe des regionalökonometrischen Modells analysiert werden.

Als Ergebnis der räumlichen Clusteranalyse möglicher Überflutungsfolgen ergab sich eine Übersicht sektoraler Vermögensschäden. Im Bewertungsgutachten wurden zum Vermögen der Wohnungskapitalstock einschließlich Hausrat, Vorratsbestände, Bodenwerte und der sektorale Kapitalstock gezählt. Das regionalökonometrische Modell hat den Kapitalstock nach 5 Sektoren aufgeschlüsselt: Landwirtschaft, Warenproduzierendes Gewerbe, Handel und Verkehr, Private Dienstleistungen und Staat. Die Veränderung dieser Größen erlaubt eine Simulation der Kapitalstockminderung aufgrund des Überflutungsszenarios.

Tabelle 16 zeigt die Rechnung zur Ermittlung der sektorspezifischen *Anteile* der Kapitalstockschäden aus der Brake-Analyse (s. 3.1.3), welche auf das Land Bremen übertragen werden. Da ein Teil Bremens auf der Geest liegt und damit von einer Überflutung nicht betroffen sein kann, wird dieser Teil in einer Näherung von 1/3 von den Kapitalstockschäden abgezogen, so daß die letzte Spalte den sektorspezifischen Anteil der Kapitalstockschäden für Bremen darstellt, welcher so als Impuls in das Modell eingegeben werden kann.

Der gesamte Schaden wird sich demnach auf etwa 42% belaufen, was verbunden mit der Annahme eines Meeresspiegelanstiegs von 0,55m vergleichbar ist mit der Berechnung in der Studie über die deutsche Nord- und Ostseeküste. Die nennt ausgehend von einem Meeresspiegelanstieg von 1m Sachschäden in Höhe von 80-92% (vgl. *Abbildung 7*)[93].

---

[93] In der Vulnerabilitätsstudie wird darauf hingewiesen, daß die dortigen Zahlen nur auf Basis "limitierter statistischer Angaben" beruhen und die Ergebnisse nur die Größenordnung verdeutlichen. Ebenhöh, Sterr, Simmering, 1997, S. 98.

Die Übertragung der Ergebnisse der Überflutungsanalyse von Brake auf eine andere Region impliziert die Annahme eines ähnlichen Überflutungsverlaufes bei einem Deichversagen sowie eine ähnliche Struktur der räumlichen Verteilung des Kapitalstocks.

3.2.3.2 Impulse für das sektorale Cluster

Der Impuls für die *sektoralen Wertschöpfungen* erhält eine ab dem Jahr 2001 beginnende und in den Folgejahren ansteigende Verteilung, bis er im Jahr 2040 den unteren ("schlechtesten") Wert der Befragungsergebnisse erreicht, d.h. es gilt:

$$X(\text{E-pfad Klimaimpuls})_{2000+i} = X(\text{E-pfad})_{2000+i} + i*(X_u /40 * X(\text{E-pfad})_{2000+i})$$

mit i=1, 2,...,40 als Jahreszahlen
X_u : Unterer Wert der Befragungsergebnisse
$X(\text{E-pfad Klimaimpuls})_{2000+i}$: Wert der Wertschöpfung des jeweiligen Sektors im Jahr 2000+i entsprechend dem vorgegebenen Entwicklungspfad unter Beachtung der Klimaänderung
$X(\text{E-pfad})_{2000+i}$: Wert der Wertschöpfung des jeweiligen Sektors im Jahr 2000+i entsprechend dem vorgegebenen Entwicklungspfad (ohne Beachtung der Klimaänderung)

Die sektoralen Befragungsergebnisse gehen entsprechend dem Anteil der sektoralen Wertschöpfung an der gesamten Bruttowertschöpfung gewichtet in das Modell ein (s. *Tabelle 16*). Die oberen Werte aus den Befragungsergebnissen werden im folgenden nicht weiter untersucht, da sie einen eher geringen Impuls ergeben, der keine größeren negativen Folgen für die sekundären Effekte ergibt.

*Tabelle 16: Sektorale Kapitalstockschädenanteile für das Land Bremen gemäß Quoten aus der Brake-Analyse (Flächenanteil * Sektoraler Kapitalstock * Schadensrate)*

Sektor/ Wert des Kapitalstocks [1.000 DM]	**Flächenzu-gehörigkeit**	**< 1mNN Schaden [1.000 DM]**	1mNN-2mNN Schaden [1.000 DM]	**<2mNN Schaden [1.000 DM]**	**Schaden [%]** mit geographischer Anpassung[1]
Land- u. Forstwirtschaft 53.350	Landwirtschaft	56,78%*53.350 *32,4%= 9.815	39,10%*53.350 *20,6%= 4.297	14.112 (26,45%)	17,63 %
Produzierendes Gewerbe 492.384		70.753	19.313	90.066 (18,29%)	12,19 %
Energie- Wasserversorgung 290.507	*Versorgungsanlagen*	47,96%*290.507 *30,5%=42.495	26,27%*290.507 *15,3%=11.676		
Verarbeitendes Gewerbe 192.030.	*Gewerbe u. Industrie Versorgungsanlagen*	(43,83%*96.015 +47,96%*96.015) *30,5%=26.880	(23,18%*96.015 +26,27%*96.015) *15,3%=7.264		
Baugewerbe 9.847	*Gewerbe u. Industrie Versorgungsanlagen*	(43,83%*4.923,5 +47,96%*4.923,5) *30,5%=1.378	(23,18%*4.923,5 +26,27%*4.923,5) *15,3%=373		
Handel und Verkehr 287.752		10.474	1.732	12.206 (4,24%)	2,83 %
Handel. 60.428	*Öffentliche Zwecke, Handel u. Wirtschaft Entsorgungsanlagen*	(32,48%*20.142,66 +49,16%*20.142,66 +68,54%*20.142,66) *23,5%=7.109	(23,87%*20.142,66 +28,61%*20.142,66 +20,70%*20.142,66) *9,5%=1400		
Verkehr 227.324	*Verkehrsanlagen*	18,975%*227.324 *7,8%=3.365	4,42%*227.324 *3,3%=332		
Sonstige Wirtschaftsbereiche[2] 1.315.800	Öffentliche Zwecke Handel u. Wirtschaft Entsorgungsanlagen	(32,48%*438.600 +49,16%*438.600 +68,54%*438.600) *23,5%= 154.792	(23,87%*438.600 +28,61%*438.600 +20,70%*438.600) *9,5%= 30.492	185.284 (14,08%)	9,39 %
	Summe			*301.668 (63,06%)*	*42,04 %*

[1]für eine Übertragung auf Bremen wird der Anteil des Kapitalstocks von Bremen Nord abgezogen, d.h. nur 2/3 des Kapitalstocks wird betroffen sein (die Schadensrate wird mit 2/3 multipliziert).
[2]Der Bereich "Sonstige Wirtschaftsbereiche" wird für die Modellierung in die Sektoren Dienstleistung und Staat aufgeteilt. Für beide Bereiche ist der Prozentsatz der Schädigung gleich, deshalb braucht hier noch keine Aufteilung der Verhältnisse erfolgen.

3.2.4 Anpassung des regionalökonometrischen Modells an das räumliche und an das sektorale Cluster

Die Integration der Klimaimpulse erfordert eine Anpassung des regionalökonometrischen Modells bezüglich zweier Anforderungen:

1. *brECOmod estuary* reagiert auf einen Impuls, der den Kapitalstock vermindert, mit relativ optimistischen endogenen Reaktionen und substituiert Kapital mit Beschäftigten, so daß sich die Beschäftigtenzahlen erhöhen. Um diesen ungewollten Effekt auszuschalten, wird ein Schattenkapitalstock eingeführt.
2. Es muß eine Disaggregierung des Modells erfolgen, da die Befragungsergebnisse auf einer feiner gegliederten Ebene von Sektoren vorliegen.

Zu 1.: Das Modell reagiert bei einer Kapitalstockänderung mit einem Faktorsubstitutionsprozess, da es dann von zunehmend arbeitsintensiven Produktionsverfahren ausgeht. Diese Reaktion kann ausgeschaltet werden, indem in das Modell ein Schattenkapitalstock eingeführt wird, welcher vom Klimaimpuls unabhängig bleibt und über die Kapitalintensität die Erwerbstätigenfunktionen beeinflußt. Da die Kapitalintensität des Schattenkapitalstocks konstant bleibt, ergibt sich keine Änderung der Technologie, sondern ein reiner Niveauverlust. Dieser findet sich als Summe der sektoralen Kapitalstockverluste im Produktionspotential wieder und damit per definitionem in der Kapazitätsauslastung (=Bruttoinlandsprodukt / Produktionspotential).

Die Kapazitätsauslastung wiederum bestimmt

- über die Abschreibung auch das Einkommen aus Vermögen und selbständiger Tätigkeit,
- über die Rendite die Investitionen und
- direkt die Beschäftigungsgleichungen.

Die Ergänzung des Schattenkapitalstocks hat das Modell um insgesamt 16 Gleichungen erweitert.

Zu 2.: Um das Problem zu umgehen, daß die amtliche Statistik der Bruttowertschöpfung für Bremen nicht auf der erforderlichen Ebene von 9 Wirtschaftsbereichen vorliegt, können auf der Basis von tiefer gegliederten Strukturdaten des DIW in Verbindung mit den auch für Bremen tiefer gegliederten sektoralen Erwerbstätigenzahlen sektoral aufgeschlüsselte Bruttowertschöpfungsanteile ermittelt werden.[94] Dazu wird die durchschnittliche sektorale Lohnabhängigenproduktivität in Westdeutschland mit der Zahl der Lohnabhängigen multipliziert. Für die übrigen Wirtschaftsbereiche wurde das gleiche Verfahren auf der Basis von Daten der Volkswirtschaftlichen Gesamtrechnungen des Statistischen Bundesamtes durchgeführt.[95] Als Ergebnis entsteht so ein im Modell abbildbares Cluster (Modellcluster), welches aus verschiedenen Ebenen der Wirtschaftszweigklassifikation besteht (s. in *Tabelle 16* die letzte Spalte).

Zur Transformation der Werte von der Ebene des sektoralen Clusters auf die Ebene des Modellclusters werden konkret folgende Annahmen getroffen: Als Anteil der Fischerei am gesamten Wirtschaftszweig wird ein Wert von einem Sechstel angenommen, da auf Bundesebene der Anteil der Bereiche Fischerei und Forsten gemeinsam am gesamten Sektor etwa ein Sechstel beträgt. Die Wasserversorgung wird im Wirtschaftszweig Energie und Wasserversorgung in der Weise anteilig berechnet, wie sie sich in den Alten Bundesländern darstellt, nämlich in einer Relation von etwa 1 zu 10. Im Baugewerbe wird für Bremen in Anlehnung an die Verhältnisse im Bund ein Anteil des Bauhauptgewerbes von knapp drei Fünfteln und des Bereichs Zimmerei und Dachdeckerei von etwa einem Siebtel zugrunde gelegt. Durch die Rolle Bremens als gewichtige Seehafenstadt kam dem Bereich "Schiffahrt" eine mehr als doppelt so hohe Bedeutung im Vergleich zum Bundesdurchschnitt zu.

In nachfolgender Tabelle ist der Anteil des sektoralen Clusters am Modellcluster und dessen Anteil an der Ebene der Abteilungen jeweils nach der Wirtschaftszweigklassifikation von 1979 aufgeführt. Damit ergibt sich auch eine neue Gewichtung der Impulse der Bruttowertschöpfung.

Das Modellcluster für die Bruttowertschöpfung wird mit zusätzlichen Gleichungen dargestellt, die das bestehende Modell um insgesamt 44 Gleichungen erweitern.

[94] Die Berechnungen wurden auf der Basis der DIW-Publikation von Görzig, et al. durchgeführt; Datenbezug: 1997. Vgl. dazu auch Bartsch, 2000.
[95] Die Datenbasis für diese Berechnungen bildeten die Volkswirtschaftlichen Gesamtrechnungen des Statistischen Bundesamtes, Veröffentlichung von 1998.

Tabelle 17: Impulsgewichtung der BWS auf der Ebene der Befragung (sektorales Cluster) und des Modellclusters

Sektorales Cluster	Veränderung BWS (2-3-Steller)	Anteil am Modellcluster [1]	Modellcluster	Veränderung BWS (Modellcluster)	Anteil auf Abteilungsebene [1]
01 Landwirtschaft	+5	5/6	0 Landwirtschaft, Fischerei und Fischzucht	+1 - +4	100.0
07 Fischerei u. Fischzucht	-20 - -3	1/6			
101 Elektrizitätsversorgung	-1 - +30	9/10	1 Energie- und Wasserversorgung	-2 - +27	100.0
107 Wasserversorgung	-10 - 0	1/10			
200 Chemische Industrie	-100 - 0	100	200 Chemische Industrie	-100 - 0	2.4
22 Verarbeitung von Steinen u. Erden	-60 - 0	100	22 Verarbeitung v. Steinen u. Erden	-60 - 0	2.0
230 Stahl- u. Warmwalzwerke	0 - +5	100	230 Hochofen-, Stahl- und Warmwalzwerke	0 - +5	10.2
246 Schiffbau	+10 - +20	100	246 Schiffbau	+10 - +20	2.3
26 Holz-, Papiergewerbe	-60 - 0	100	26 Holz-, Papier und Druckgewerbe	-60 - 0	5.1
27 Leder, Textil-, Bekleidungsgew.	-1	100	27 Leder-, Textil- und Bekleidungsgewerbe	-1	2.2
289 Nahrungsfetten	-5	1/4	28 Ernährungsgewerbe	-5 - -2,5	15.5
292 Fischverarbeitung	0 - +5	1/4			
293 Brauerei, Mälzerei	-5 - 0	1/4			
296 sonstiges Ernährungsgew.	-10	1/4			
300 Hoch- und Tiefbau	0 - +15	3/5	3 Bau	-3 - +6	100.0
308 Zimmerei, Dachdeckerei	-20	1/7			
40/41 Großhandel	-10 - 0	100	40/41 Großhandel	-10 - 0	40.0
513 Binnenschiffahrt, Häfen	-10 - +10	1/2	513-514 Schiffahrt, Häfen, Wasserstraßen, Luftverkehr	-15 - +4	10.0
514 See- und Küstenschiffahrt	-20 - -2	1/2			
515 Luftfahrt und Flugplätze	0				
55 Spedition, Lagerei	0 - +5	100	55 Spedition, Lagerei, Verkehrsvermittlung	0 - +5	44.0
614 Schaden- /Unfallversicherung	0 - +5	100	614 Versicherungen	0 - +5	37.8
713 Gaststättengewerbe	+5	1/2	71 Hotel- und Gaststättengewerbe	+5	7.4
711 Beherbergungsgewerbe	+5	1/2			
9.8 Abfall- und Abwasserbeseitigung	-10 - 0	10	9 Staat (Gebietskörperschaften)	-1 - 0	100.0

[1] Anteilswerte aus Bartsch: Abschätzung des potentiellen Schadens von Klimaänderungen mittels der Implementiereung eines klimasensitiven Clusters in das *brECOmod estuary* Modell. (unveröffentlicht), 2000

Bevor die Wirkungsanalysen durchgeführt werden, soll nachfolgende Abbildung den Zwischenstand der Analyse verdeutlichen. Die zwei bisherigen Entwicklungspfade wurden um einen dritten ergänzt. Dieser Entwicklungspfad integriert Aspekte der sozialen Dynamik und fließt über die Änderung der exogenen Variablen in das regionalökonometrische Modell ein. Insgesamt ist die Prognosefähigkeit des Modells hergestellt und ein breites Spektrum möglicher Entwicklungspfade für die Region aufgefächert. Die Klimaimpulse sind so formuliert, daß sie Eingang in das Modell finden können, welches an die Formulierung der Cluster angepaßt wurde.

Abbildung 31: Konzeption der Schnittstellen – Teil 3

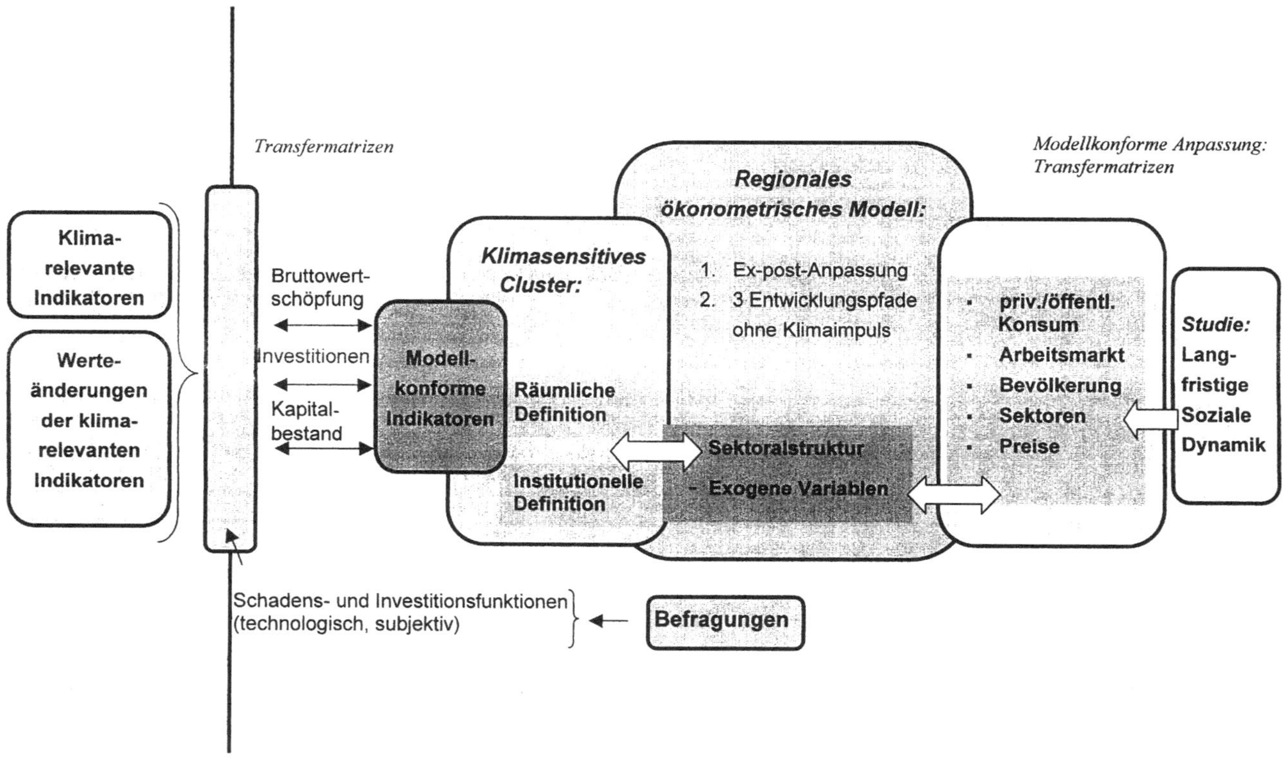

3.2.5 Simulation der Klimafolgen für die künftige Wirtschaftsentwicklung in der Region

Abbildung 32 zeigt die Verläufe des Kapitalstocks gemäß der drei genannten Entwicklungspfade sowie diese Verläufe jeweils unter dem Einfluß einer Überflutung im Jahr 2030. Der Kapitalstock senkt sich demnach im Jahr 2030 je nach Entwicklungspfad um 5,2% (5450 Mill.) bis 5,5% (4800 Mill.) (s. *Tabelle 18*).

Abbildung 32: Verlauf des Kapitalstocks aufgrund eines Kapitalstockverlustes durch Überflutung, nach Entwicklungspfaden

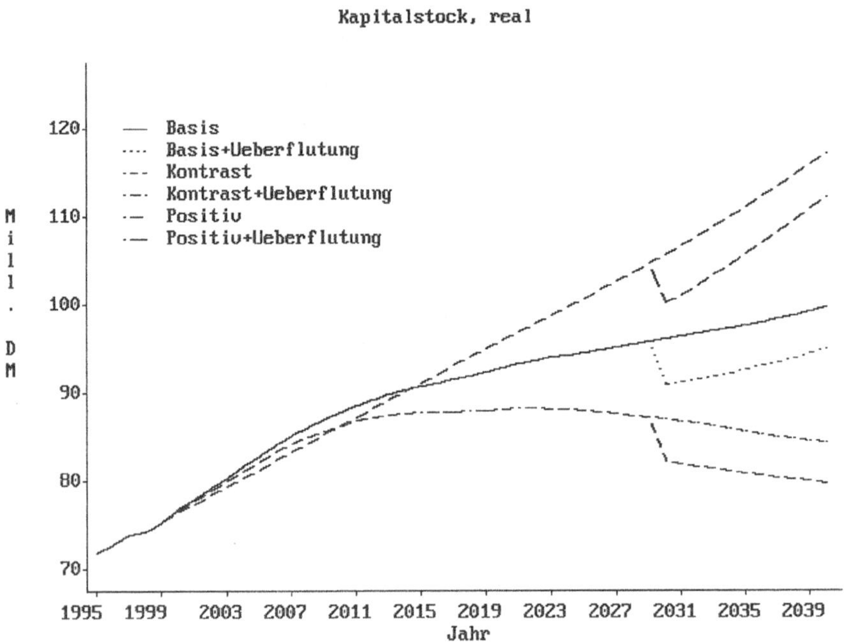

Für den Klimaimpuls "Kapitalstockverlust durch Überflutung" wird der Kapitalstock für das entsprechende Jahr exogenisiert und in den Folgejahren wieder endogenisiert. Der Kapitalstock bleibt in den Jahren nach dem Schock auf einem entsprechend niedrigen Niveau, da sich der Kapitalstock stark vom Vorjahreswert ableitet.

Der Verlauf der Bruttowertschöpfung nach Entwicklungspfaden und ihr Verlauf unter dem Einfluß der Folgen der Klimaveränderung für den Produktionsprozeß werden in *Abbildung 33* dargestellt. Die Bruttowertschöpfung sinkt demnach im Jahr 2040 je nach Entwicklungspfad um 2,9% (820 Mill.) und um maximal 3,6% (1380 Mill.).

Abbildung 33: Verlauf der Bruttowertschöpfung aufgrund von klimabedingten Produktionseinschränkungen, nach Entwicklungspfaden

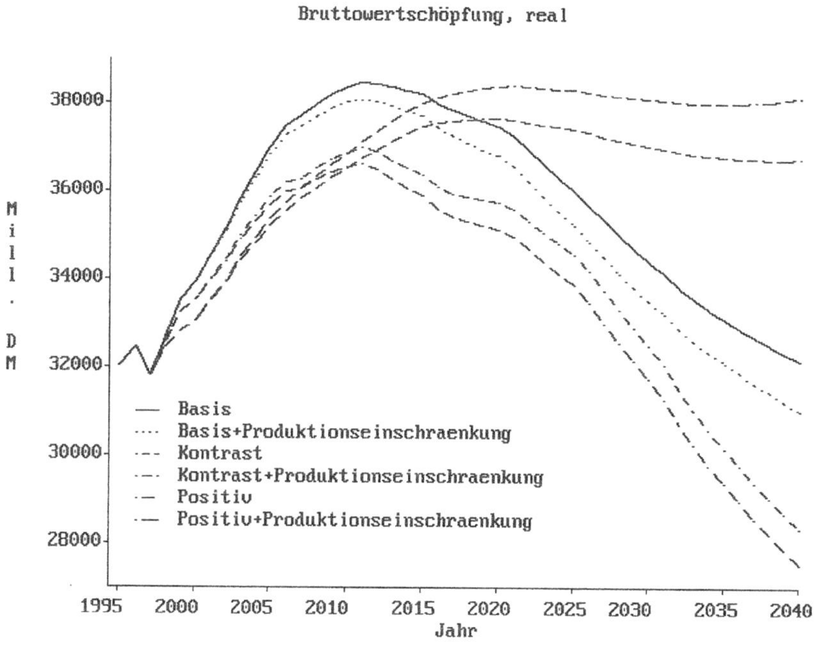

Nach Festlegung des Verlaufs der Impulse und ihrer Wirkungen auf den Kapitalstock und auf die Bruttowertschöpfung können Folgewirkungen für weitere ökonomische Größen simuliert werden. Im folgenden werden die Ergebnisse im Hinblick auf die Beschäftigung und das Bruttoinlandsprodukt dargestellt, unter Annahme zunehmender Produktionseinschränkungen ab dem Jahr 2000 und einer zusätzlichen Überflutung im Jahr 2030.

Abbildung 34 zeigt die Verläufe der Beschäftigtenzahlen[96] nach den drei Entwicklungspfaden unter Einfluß des Kapitalstockverlustes im Jahr 2030 sowie die kontinuierlich zunehmenden Veränderungen in den Produktionsprozessen.

Abbildung 34: Verlauf der Beschäftigtenzahlen bei Klimaänderung, nach Entwicklungspfaden

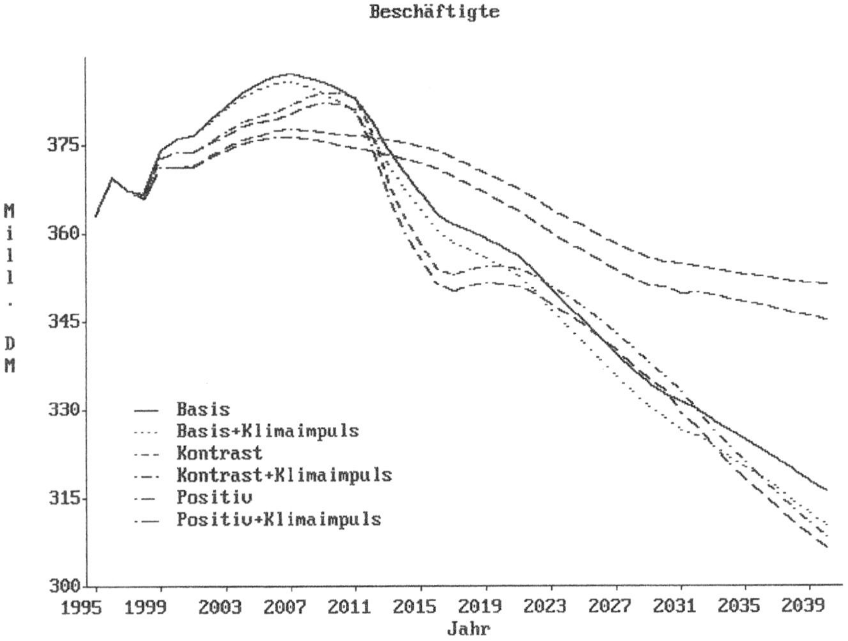

Demnach sind die Beschäftigtenzahlen im Jahr 2040 um 0,6-1,8% (ca. 2000-6000 Beschäftigte) je nach Entwicklungspfad geringer.

---

96 Auffällig sind die mehrmaligen Überschneidungen der Verläufe im "Basis-" und im "Kontrast-Szenario". Um deren Ursprung zu erklären, müßten weitreichende Sensitivitätsanalysen (vgl. 3.2.2.3) durchgeführt werden. Aber in dieser Analyse stehen die *Abweichungen* der Verläufe ohne und mit Impulsen aus der Klimaveränderung im Mittelpunkt und nicht die Verläufe der prognostizierten Beschäftigten an sich.

Abbildung 35 verdeutlicht die Folgen in Bezug auf das Bruttoinlandsprodukt, welches im Jahr 2040 um 4,8%-5,2% gesunken sein wird. Der über die 40 Jahre kumulierte Bruttoinlandsprodukt-Verlust beträgt dann 31-37 Mrd. DM.

Abbildung 35: Verlauf des Bruttoinlandsprodukts bei Klimaänderung, nach Entwicklungspfaden

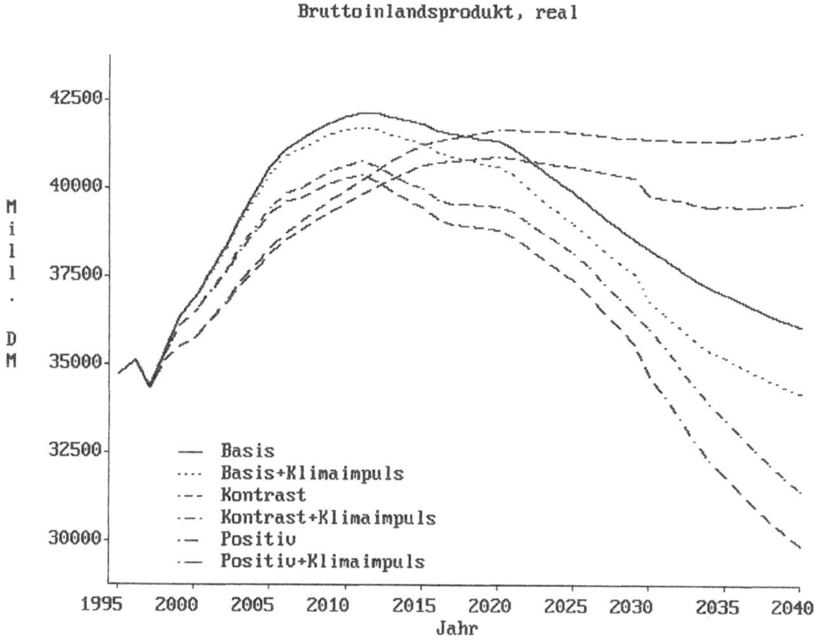

Aus *Abbildung 35* ist ersichtlich, daß schon allein die möglichen regionalen Entwicklungspfade einen relativ großen Einfluß auf den Verlauf der ökonomischen Indikatoren haben. Die Spannbreiten bezüglich der Variablen Bruttoinlandsprodukt betragen im Jahr 2040 zwischen dem "Basisverlauf" und dem Verlauf im "Kontrastszenario" 4,6 Mrd. DM und zwischen dem "Basisverlauf" und dem "Positiv-Szenario" 5,5 Mrd. DM. Der technologische Wandel, die Herausforderung einer älter werdenden Bevölkerung, die fortschreitenden Integrationsbestrebungen in Europa und die ökonomische Globalisierung sind also in der Summe starke Einflußfaktoren auch für die *regionale* sozioökonomische Entwicklung. Zusammen verursachen sie größere Spannbreiten in den verschiedenen Entwicklungspfaden als die vom Klimawandel verursachten

Abweichungen des Bruttoinlandsprodukts (z.B. im "Basisszenario" 1,9 Mrd.). Allerdings war es ja auch die Aufgabe der Entwicklungspfade, ein großes Spektrum an möglichen Entwicklungen aufzufächern und mit der Analyse des Klimawandels wird auch nur *ein* verursachender Faktor ausgewählt.

Tabelle 18 faßt die Werte der Impulsverläufe in den Jahren ihres Eintreffens (Kapitalstock: 2030) bzw. für das Jahr mit der maximalen Veränderungsrate (Bruttowertschöpfung: 2040) und deren Folgen für das Bruttoinlandsprodukt (im Jahr 2040 und kumuliert über die 40 Jahre) sowie für die Beschäftigung (im Jahr 2040) zusammen.

Tabelle 18: Ergebnisse der jeweiligen Simulationen nach drei Entwicklungspfaden für ausgesuchte Zeitpunkte

Entwicklungspfade	**Impulsverläufe**					**Folgen der Impulse**				
	Kapitalstock [Mill.] 2030	*[%]*	BWS [Mill.] 2040	*[%]*	BWS-Verlust [Mill.] kumuliert 2000-2040	Beschäftigte 2040	*[%]*	BIP [Mill.] 2040	*[%]*	BIP-Verlust [Mill.] kumuliert 2000-2040
Basis	95943	*-5,3*	32129	*-3,5*	-25325	315950	*-1,8*	36085	*-5,2*	-35138
Basis +Klima	90904		31011			310220		34208		
Kontrast	86884	*-5,5*	28342	*-2,9*	-21687	308380	*-0,6*	31442	*-5,0*	-31269
Kontrast +Klima	82079		27519			306460		29861		
Positiv	105600	*-5,2*	38114	*-3,6*	-28853	351150	*-1,7*	41580	*-4,8*	-36995
Positiv +Klima	100150		36732			345230		39576		

3.2.6 Diskussion der Simulationsergebnisse

Die Prozentangaben der Verluste am Bruttoinlandsprodukt von etwa 5% (für das Jahr 2040) sind im Vergleich zu den Ergebnissen internationaler Forschung auf der globalen Ebene (vgl. *Abbildung 3*) als eher hoch einzuschätzen. Das Sinken der Beschäftigtenzahlen ist im Vergleich zum BIP-Verlust dagegen gering (-0,6 bis –1,8%). Dies signalisiert noch einen deutlichen Optimismus der endogenen Reaktionen des Modell.

Bei der Wertung der „magischen Zahl“ des BIP als signifikant bzw. noch tolerierbar hilft der Ansatz des „tolerable windows approach“[97]. Er beginnt mit der Festlegung einer für Mensch und Natur tolerierbaren künftigen Klimaentwicklung. Daraus werden globale Emissionsprofile berechnet, die zu Mindestanforderungen einer Reduktionsstrategie führen. Ausgehend von den beiden Prinzipien, die Schöpfung zu bewahren und unzumutbare Kosten zu vermeiden, wird im Toleranzbereich eines Temperaturfensters 9.9-16.6 °C [98] (die heutige globale Durchschnittstemperatur beträgt 15,3 °C) und im Falle des Sinkens des globalen Mittelwertes des Bruttosozialprodukts eine Größe von 5% [99] festgelegt.

Da sich dieser Wert mit dem Ergebnis der vorliegenden regionalökonomischen Studie deckt, ist das Ergebnis als für die Region durchaus besorgniserregend zu bezeichnen. Allerdings sind in dieser Analyse die sicherlich zu einer spürbaren Klimaänderung parallel einsetzenden Reaktionsmaßnahmen der betroffenen Firmen und der betroffenen Regionen nicht berücksichtigt worden. Im nachfolgenden Kapitel sollen deshalb die möglichen Maßnahmen der Region untersucht werden. Zuvor wird jedoch noch der Aspekt des regionalen Strukturwandels betrachtet.

3.2.7 Der regionale Strukturwandel als erklärender Faktor

Der Klimaimpuls aufgrund einer Änderung in der Bruttowertschöpfung wurde als über die Jahre linear ansteigend angenommen, bis im Jahr 2040 die sich aus der Befragung ergebenden Maximalwerte erreicht wurden. Da über einen Zeitraum von 40 Jahren prognostiziert wird, stellt sich die Frage, ob der regionale Strukturwandel die Klimasensitivität der Region beeinflussen wird.

Da die Befragung zum Teil auf der 3-Steller Ebene nach der Wirtschaftszweigklassifikation von 1979 stattfand, sind Informationen über die Anteile der verschiedenen Wirtschaftsbereiche an der Abteilungsebene der 5 Wirtschaftssektoren nötig (vgl. die Anteile in *Tabelle 17*). Mit diesen Anteilen können die Impulse aus der Befragung ausgehend von der 3-Steller-Ebene gewichtet werden, um sie auf die Ebene der Abteilungen zu aggregieren (s. *Tabelle 19*). Diese Ebene wird für die Analyse des Strukturwandels gewählt, da die Anteile

---

[97] vgl. WBGU, 1996, S. 111ff.

[98] Das Fenster ergibt sich aus der Schwankungsbreite der Temperatur der Erde in einer Zeit, die die heutige Umwelt geprägt hat (jüngeres Quartiär) plus einem halben Grad „Sicherheitszuschlag“.

[99] 3-5% des BSP als Kosten der Anpassung an Klimaänderungen inklusive der Reparatur von Klimafolgeschäden werden als empfindliche Störung des zivilisatorischen Systems angesehen. Vgl. WBGU, 1996, S. 112

unterhalb dieser Ebene ab dem Jahr 2020 innerhalb des Modells für die Prognosefähigkeit gesetzt werden mußten, und somit nur eine Verschiebung der Gewichtung ab Ebene der Abteilungen sichtbar ist.

Nachdem die Impulse aus der Befragung mit dem Anteil ihres zugehörigen Wirtschaftssektors gewichtet wurden ist festzustellen, daß (bei einer Anteilsverteilung mit dem Stand von 1997) die positiven Wirkungen des Klimawandels im Dienstleistungssektor (+5%) sich in einer gleichen Größenordnung befinden wie die negativen Wirkungen im Sektor Handel und Verkehr (-4,8%), da beide einen ähnlich hohen Anteil an der Bruttowertschöpfung aufweisen (ca. 29%). Die positiven Folgen in der Landwirtschaft (1-4%) sind angesichts eines Beschäftigungsanteils von unter 1% als eher gering einzuordnen, so daß die negativen Wirkungen im Sektor Staat, priv. HH, Organisationen o. Erwerbszweck (-0,8%) und im Warenproduzierenden Gewerbe (-6%) bei einem Beschäftigungsanteil von 12% bzw. 29% dominierend wirken werden.

Tabelle 19: Impulsgewichtung (BWS) auf verschiedenen Ebenen der Wirtschaftszweigklassifikation von 1979

Modellcluster	Veränderung BWS (Modellcluster)	Anteil auf Abteilungsebene[1]	Abteilungen (WZ 79)	Veränderung BWS (Abteilung)	Anteil auf Abteilungsebene[2]	Abteilungen (WZ 79)	Veränderung BWS (Abteilung)	Anteil an BWS ges.[2]
0 Landwirtschaft, Fischerei und Fischzucht	+1 - +4	100.0	0 Landwi. Fischerei Fischz.	+1 - +4	100	0 Landwi. Fischerei Fischz.	+1 - +4	0,31
1 Elektrizitäts- u. Wasservers.	-2 - +27	100.0	1 Energie, Wasser	-2 - +27	10			
200 Chemische Industrie	-100 - 0	2.4						
22 Verarbeitung v. Steinen u. Erden	-60 - 0	2.0						
230 Hochofen-, Stahl- und Warmwalzwerke	0 - +5	10.2						
246 Schiffbau	+10 - +20	2.3	2 Verarbeitendes Gewerbe	-7 - +0,5	77,5	1/2/3 Warenproduzierendes Gewerbe	-6 - +3,8	28,77
26 Holz-, Papier u. Druckgewerbe	-60 - 0	5.1						
27 Leder-, Textil- und Bekleidungsgewerbe	-1	2.2						
28/29 Ernährungsgewerbe	-5 - -2,5	15.5						
3 Bau	-3 - +6	100.0	3 Bau	-3 - +6	12,5			
40/41 Großhandel	-10 - 0	40.0	4 Handel	-10 - 0	39			
51 Schiffahrt, Häfen, Wasserstraßen, Luftverkehr	-15 - +4	10.0	5 Verkehr u. Nachr. übermittlung	-1,5 - +2,6	61	4/5 Handel und Verkehr	-4,8 - +1,6	28,52
55 Spedition, Lagerei, Verkehrsvermittlung	0 - +5	44.0						
614 Versicherungen	0 - +5	37.8	6 Kreditgew. u. Versich.	0 - +5	17	6/7 Dienstl.-untern.	+4,2 - +5	30,10
71 Hotel- und Gaststättengewerbe	+5	7.4	7 Sonst. Dienstleistg.	+5	83			
9 Staat	-1 - 0	100.0	9 Staat	-1 - 0	83	8/9 Staat, priv. HH, Orga. o. Erwerbsz.	-0,83 - 0	12,30

[1] Anteilswerte aus Bartsch: Abschätzung des potentiellen Schadens von Klimaänderungen mittels der Implementiereung eines klimasensitiven Clusters in das *brECOmod estuary* Modell. (unveröffentlicht), 2000

[2] Anteilswerte am BIP von 1997 in jeweiligen Preisen nach Statistische Berichte, Juni 1998, 1. Ausgabe, "Bruttoinlandsprodukt, Bruttoeinkommen aus unselbständiger Arbeit, Bruttolohn- und gehaltsumme im Lande Bremen, 1970-1997", Statistisches Landesamt Bremen

Das regionalökonometrische Modell prognostiziert den Strukturwandel für die Jahre 2020 und 2040 wie erwartet (s. nachfolgende Abbildungen). In allen Entwicklungspfaden wird der Beschäftigungsanteil des produzierenden Gewerbes sinken, Handel und Verkehr werden in ihrem Beschäftigungsanteil etwa konstant bleiben. Die Anteile der Dienstleistung und des Staates, private Haushalte und Organisationen ohne Erwerbszweck werden steigen. Damit wird davon auszugehen sein, daß sich die Wirtschaftsstruktur der Region durch den Bedeutungsverlust des klimasensitiven Produzierenden Gewerbes und des Ansteigens der Bedeutung des vom Klimawandel nicht negativ betroffenen Dienstleistungssektors als eine gegenüber dem Klima weniger sensitive Struktur entwickeln wird.

Abbildung 36: Beschäftigtenanteile in 4 Wirtschaftsbereichen (ohne Landwirtschaft) im Jahr 2000 nach Entwicklungspfaden

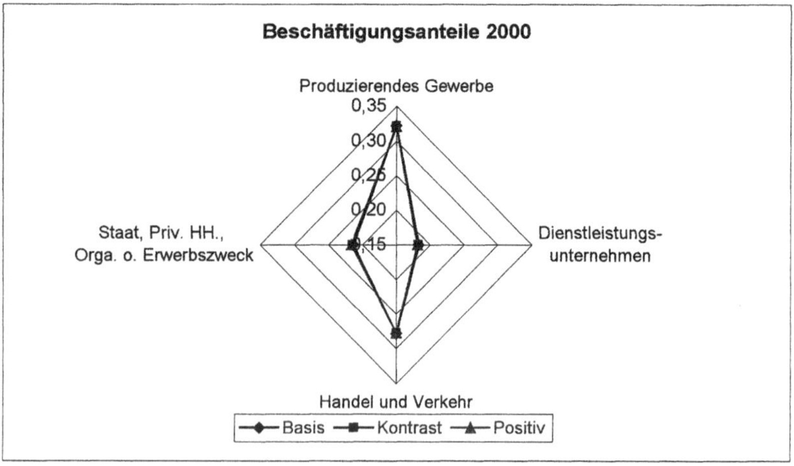

Abbildung 37: Beschäftigtenanteile in 4 Wirtschaftsbereichen (ohne Landwirtschaft) im Jahr 2020 nach Entwicklungspfaden

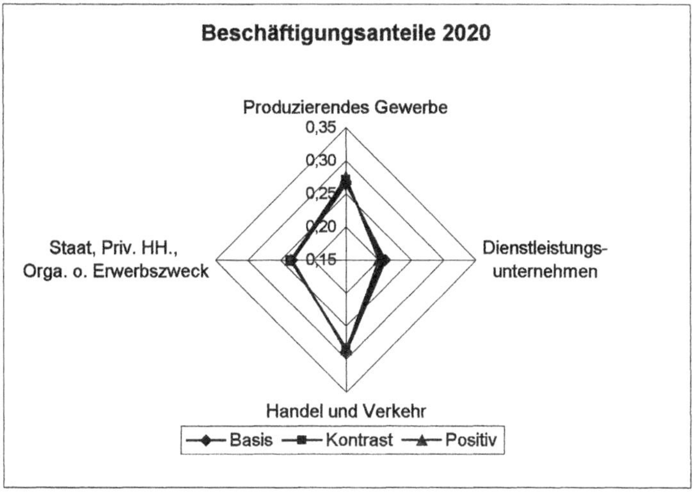

Abbildung 38: Beschäftigtenanteile in 4 Wirtschaftsbereichen (ohne Landwirtschaft) im Jahr 2040 nach Entwicklungspfaden

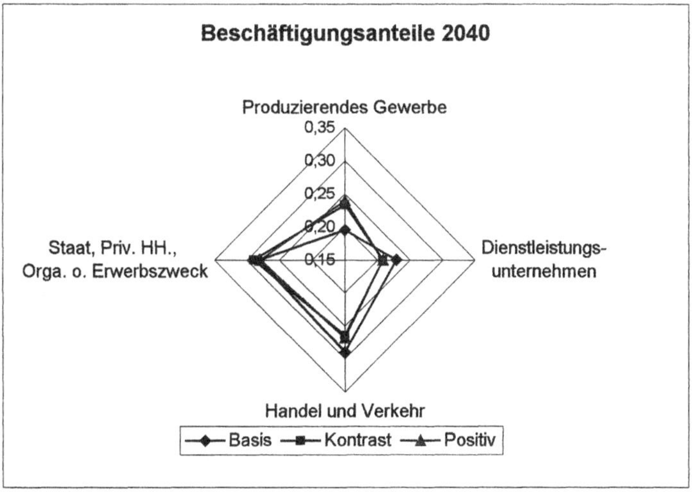

3.2.8 Zusammenfassung und abschließende Hinweise

Bei der Interpretation der Ergebnisse ist darauf hinzuweisen, daß

- von einem relativ vorsichtigen Klimaszenario ausgegangen wurde,
- überregionale Folgen einer globalen Klimaänderung (wie verstärkte interregionale Migration und Preiseffekte) unberücksichtigt blieben,
- der globale Klimawandel nicht im Jahr 2050 aufhört, sondern sich fortlaufend verstärken wird.

Insgesamt konnte gezeigt werden, wie eine Integration der langfristigen sozialen Entwicklung in ein regionalökonometrisches Modell für ökonomische Längstfristprognosen und eine Übersetzung von natürlichen Klimaimpulsen in ökonomische Impulse zur Analyse der langfristigen regionalen ökonomischen Wirkungen einer Klimaänderung mittels eines regionalen ökonometrischen Modells durchgeführt werden können, um regionalökonomische Folgen zu analysieren.

Dabei kann dieses Modell, welches über die Integration der langfristigen Werteänderung ökologischer, ökonomischer und sozialer Größen in gewisser Weise "informiert" und "veredelt" wurde, diese Indikatoränderungen nicht modellendogen produzieren. Daher beziehen sich diese Vorgaben auf die exogenen Variablen des Modells, zumal keine Gleichungen bestehen, die die soziale Dynamik und die natürlichen Indikatoränderungen modellieren. Für Analysen von Wechselwirkungen zwischen den Disziplinen wäre letzteres idealerweise erforderlich.

Regionale ökonomische Klimafolgenforschung ist somit als neues Anwendungsfeld ökonometrischer Methoden entstanden. Im Prinzip sind auf dieser Basis auch Wirkungsanalysen politischer Maßnahmen auf sektoral disaggregiertem und subnationalem Niveau in zeitlich spezifischen Verläufen durchführbar.

Heute wird im Zuge der Diskussion um das Leitbild der Nachhaltigkeit ein Bedarf an interdisziplinären Modellen zur Beschreibung und Simulation möglicher nachhaltiger Zukünfte nachdrücklich formuliert. Die Ökonometrie kann hier einen Beitrag leisten, indem sie versucht, Ergebnisse der Forschung hinsichtlich sowohl ökonomischer als auch sozialer und ökologischer Indikatoren der Nachhaltigkeit modellendogen zu formulieren.[100] Von der notwendigen

[100] vgl.. z.B. Meyer et. al, 1998

Kenntnis aller wesentlichen Wirkungszusammenhänge zwischen und innerhalb der verschiedenen Systeme sind wir jedoch noch weit entfernt.

Abbildung 39 zeigt das nun fast vollständige Abbild des Untersuchungsverlaufes mit den ökologischen, sozialen und ökonomischen Schnittstellen. Im Vergleich zur *Abbildung 1* in der Einleitung fehlt noch die Analyse der Handlungsoptionen mit dem regionalökonometrischen Modell (Punkt 4).

Abbildung 39: Konzeption der Schnittstellen – Teil 4

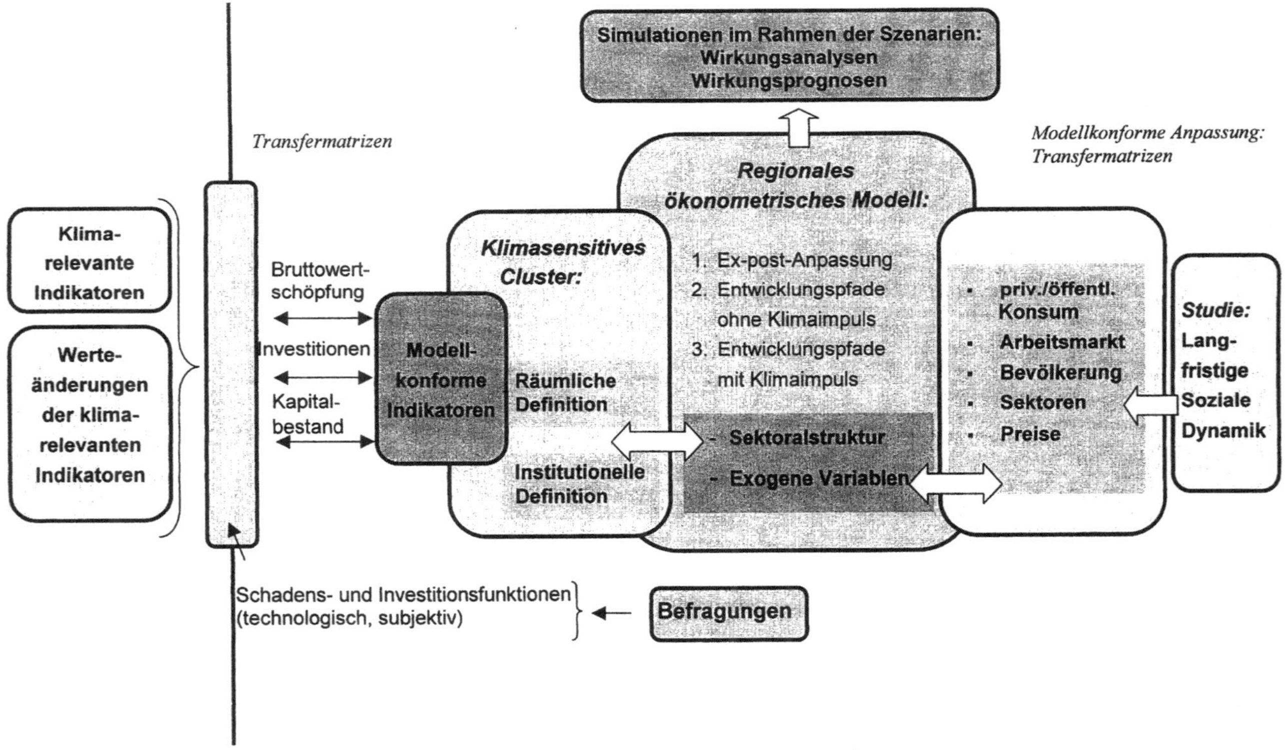

3.3 Handlungsempfehlungen für die Unterweserregion

3.3.1 Identifizierung und Bewertung von Adaptionsstrategien der regionalen Akteure

Als Maßnahmen zur Dämpfung der negativen Folgen des Klimawandels können drei Strategien unterschieden werden: 1. Verstärkung der Küstenschutzmaßnahmen, 2. erhöhte Pumpleistungen für die Schöpfwerke in der Wesermarsch und 3. prophylaktische (proaktive) Investitionen der Firmen in Kühltürme, Klimaanlagen und Schutzmaßnahmen gegen Überflutungen auf betrieblichem Gelände.

Küstenschutz

Im Projekt KLIMU werden drei Lösungen des Küstenschutzes untersucht: Verstärkung der Deichlinie, Einrichtung von Poldern und der Bau eines Sperrwerkes. Alle drei Varianten sind einerseits ein positiver Impuls für regionale Firmen und andererseits ein negativer Impuls für den Finanzierungshaushalt, der von der Beteiligung des Bundes abhängt. Bezüglich der Simulation wird eine Aufteilung der Verantwortung für den Bau von Küstenschutzbauwerken zu 70% Staat und 30% Land angenommen, wie es derzeit gesetzmäßig festgelegt ist. Die Gelder vom Bund werden den Ländern zur Verwaltung überwiesen.

In der Simulation des Maßnahmekatalogs wird die Variante des Sperrwerkes gewählt, da sie mit den höchsten Investitionsimpulsen verbunden ist: 750 Millionen DM innerhalb einer Bauzeit von 4 Jahren.[101]

Die Aufteilung der Kosten für Küstenbauwerke werden von den Ländern Niedersachsen und Bremen von Fall zu Fall neu ausgehandelt. Hier wird angenommen, daß sich die Länder bei Errichtung eines Sperrwerks die Kosten zu je 50% teilen werden. Es wird zudem angenommen, daß bei regionalen Firmen (unabhängig vom Finanzierungsszenario) Aufträge in Höhe von 50% der jeweiligen Baukosten anfallen werden. Bei den regionalen Firmen fallen damit Investitionen in Höhe von 375 Mio DM an. Bremen teilt sich mit Niedersachsen die 30%igen Kosten und kommt dann auf einen Betrag von 112,5 Mio DM.

[101] vgl. die Varianten des Küstenschutzes und die Kosten in Zimmermann, et al., 2000

Pumpleistungen
Als Folge der Erhöhung des Standrohrspiegels und der Zunahme von Niederschlägen wird ein veränderter *Schöpfwerksbetrieb* angenommen. Als Reaktionen sind vorstellbar:

1. vermehrten Stauraum zu schaffen (in Form z.B. von Gräben) und die Schöpfwerksleistung bzw. die Sielleistung zu erhöhen,
2. die Schöpfwerksleistung bei Beibehaltung des Entwässerungssystems zu erhöhen,
3. die Ausbauabflußspende und die Sielleistung vergrößern.

Für die Simulation des Maßnahmenkataloges wird die zweite Möglichkeit als wahrscheinlichste Variante gewählt. Die veränderten Kosten der Sielleistung und der Schöpfwerksleistung würden dann jährlich zusätzlich etwa 8.746.547 DM betragen.[102] Diese Kosten wären für die kleineren Gräben von den Anwohnern und Landwirten zu tragen und für die größeren Gräben von den Deichverbänden.

Proaktive Investitionen der Firmen
In der Befragung wurden die Firmen auch nach der Höhe von zusätzlichen Investitionen zur Verstärkung der Schutzbauten auf dem Firmengelände gefragt sowie nach Investitionen zur Dämpfung negativer Folgen in der Produktion (s. *Abbildung 40*). Diese Investitionen wurden für die Simulation auf einen Zeitraum von 2 Jahren festgelegt.

[102] vgl. die Darstellung der Varianten und der Kosten in Maniak et al., 2000

Abbildung 40: Proaktive Investitionen zur Vermeidung negativer Wertschöpfungsänderungen [in % der Investitionen im Jahr 1999]

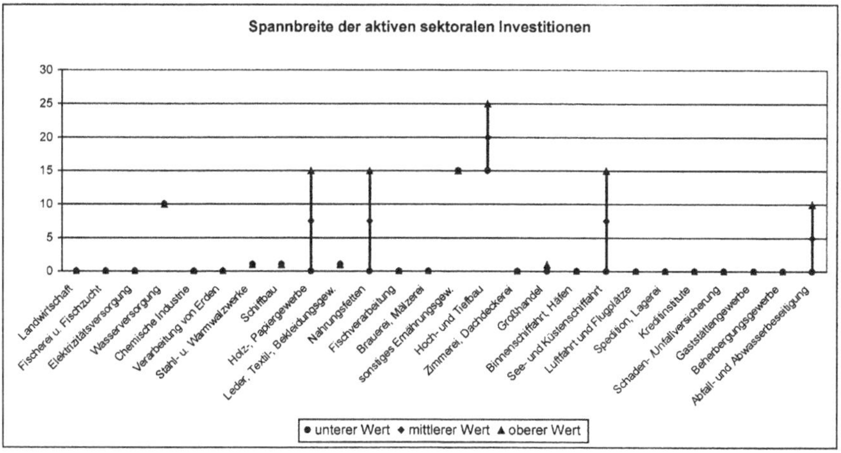

eigene Darstellung

3.3.2 Anpassung des regionalökonometrischen Modells an das investierende Cluster

Vergleichbar mit der Modellerweiterung zur Integration der sektoralen Änderungen der Bruttowertschöpfungs- und Kapitalstockimpulse ist zur Abbildung der betroffenen sektoralen Investitionsstruktur aus der Befragung das Modell nochmals zu erweitern. In nachfolgender Tabelle sind die betroffenen Wirtschaftsbereiche aufgelistet, zusammen mit dem jeweiligen Anteil an der Abteilungsebene beim Bund. Diese Anteile werden für das Land Bremen übernommen, soweit die Tiefe der Gliederung dies zuläßt. Für weitere Wirtschaftsbereiche werden die Anteile gemäß der Gewichtungen bezüglich der Bruttowertschöpfung (vgl. *Tabelle 16*) übernommen. Bei den restlichen Wirtschaftsbereichen (Sektoren, die nicht im sektoralen Cluster enthalten sind) werden die Anteile am Kapitalstock verwendet.[103] *Tabelle 20* zeigt die Zusammensetzung der Anteile, mit denen Investitionsentscheidungen gewichtet werden. Das Modell wurde so um 12 Gleichungen erweitert.

[103] Anteilswerte aus Bartsch: Abschätzung des potentiellen Schadens von Klimaänderungen mittels der Implementiereung eines klimasensitiven Clusters in das *brECOmod estuary* Modell. (unveröffentlicht), 2000

Tabelle 20: Übersicht der Gewichtungen für das investierende Cluster

Investierendes Cluster	**Brutto-anlage-investition (Mrd., Bund)***	**Anteil auf Abteilungs-ebene (=Gewichtungs-faktor)***
Wasserversorgung		0,046 (Kapitalstock)
Chemische Industrie	12,970	0,082
Gewinnung und Verarbeitung v. Steinen u. Erden	4,020	0,025
Hochofen-, Stahl- und Warmwalzwerke		0,102 (Output)
Schiffbau		0,025 (Kapitalstock)
Holz-, Papier und Druckgewerbe	11,510	0,073
Leder-, Textil- und Bekleidungsgewerbe	2,180	0,014
Ernährungsgewerbe	12,700	0,080
Bau	13,880	0,088
Großhandel	15,090	0,159
Schiffahrt, Häfen, Wasserstraßen, Luftverkehr		0,1 (Kapitalstock)
Abfall- und Abwasserbeseitigung		0,1 (Output)

*Angaben aus: Statis-Bund CD, edition 1999, Statistisches Bundesamt und Deutsche Bank, VGR, Deutschland, Bruttoanlageinvestition in jeweiligen Preisen (neue Anlagen) in Mrd.

3.3.3 Simulation der Handlungsstrategien

Abbildung 41 zeigt die Pfade des Basis-Verlaufs des Bruttoinlandprodukts ohne und mit Klimaimpuls im Vergleich zu dem Basis-Verlauf, falls schon in den ersten Jahren die o.g. Handlungsstrategien umgesetzt werden.

Über den Zeitraum von 10 Jahren kommt es dabei zu einem Plus des Bruttoinlandsprodukts von 1535,3 Mill. DM im Vergleich zum Basis-Verlauf. Wird dies mit dem Basis-Verlauf unter Einwirkung des Klimaimpulses verglichen, liegt das Plus sogar bei 3590 Mill. DM.

Abbildung 41: Verlauf der Basisentwicklung des Bruttoinlandprodukts ohne und mit Klimaimpuls und Basis-Verlauf mit Auswirkungen der Handlungsmaßnahmen

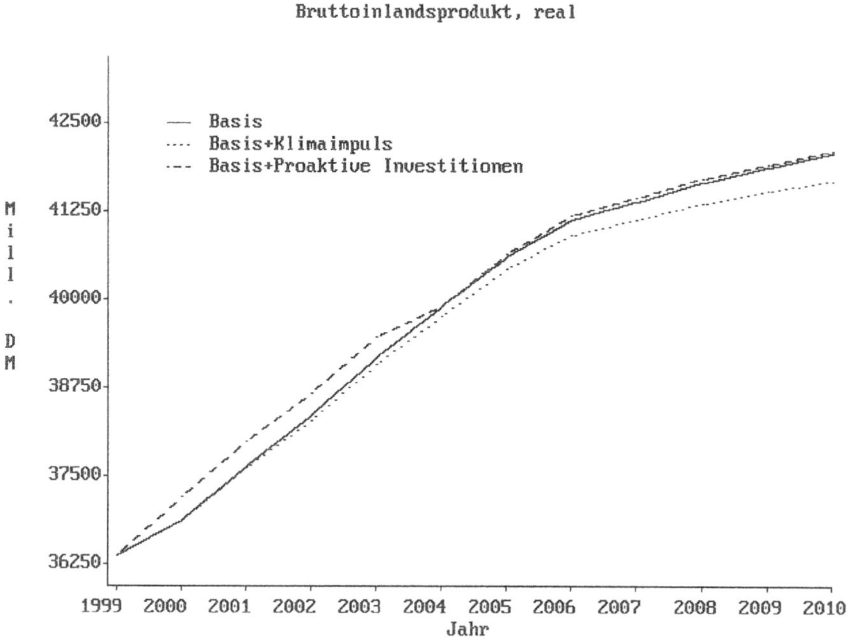

Die Simulation beinhaltet nicht die regionalen Finanzierungsanteile dieser Investitionen, da das Modell dafür nicht weit genug differenziert ist. Falls die Gewerbe- und/oder die Grundsteuern im Modell abgebildet wären, müßten diese gemäß des Finanzierungsaufwandes erhöht werden. Um dann zum gleichen Ergebnis zu kommen, müßte das Investitionsvolumen wiederum entsprechend ausgeweitet werden.

4 Schlußfolgerungen: Ein integratives Instrumentarium zur Analyse exogener Umweltschocks für die langfristige regionale Strukturentwicklung

Das Instrument zur Analyse exogener Umweltschocks für die langfristige regionale Strukturentwicklung soll in erster Linie den Vorsorgeaspekt unterstützen und damit die Beachtung der Bedürfnisse zukünftiger Generationen sicherstellen. Dies erfolgt über eine Hilfestellung zur Politikberatung, um frühzeitig negative Entwicklungen zu vermeiden oder zumindest in ihren Wirkungen abzubremsen.

Das hier untersuchte Beispiel des Klimawandels verbindet zwei Eigenschaften, die eine methodische Herausforderung bei der Bewertung bedeuten: die Unsicherheit und die Komplexität. In dieser Arbeit wurden verschiedene Aspekte herausgearbeit, die helfen, die Unsicherheiten zu strukturieren und die Komplexität zu reduzieren. Es konnte gezeigt werden, daß die Analyse regionalökonomischer Folgen des globalen Klimawandels mit dessen spezifischen Eigenschaften in seiner Wirkung auf die langfristige regionale Wirtschaftsentwicklung ein integratives und transdisziplinär angelegtes methodisches Konzept erfordert. Diese methodischen Elemente lassen sich auch auf die Behandlung weiterer exogener Umweltschocks und ihren Wirkungen auf die langfristige regionale Entwicklung erweitern. Die Methode sollte:

1. transdisziplinär angelegt sein,
2. sich auf sensitive Cluster spezialisieren,
3. Szenarien formulieren,
4. regional-ökonometrisch fundiert sein und
5. Akteurswertungen integrieren.

Definitionsmerkmale von Transdisziplinarität sind außer- bzw. überdisziplinäre Problemdefinition und Lösungen.[104] Dieser Ansatz hilft bei der Verbindung der natur- und ingenieurwissenschaftlichen Aussagen zu möglichen Folgen eines Umweltschocks auf das ökonomische System. Soweit Schnittstellen nicht offensichtlich und durch einfache Beziehungen abbildbar sind, können in interdisziplinären Gesprächen Schnittstellen definiert und durch Transfermatrizen visualisiert werden. Diese werden in Expertengesprächen diskutiert und eventuell erweitert und helfen auch bei der Gruppierung betroffener Wirtschaftsbereiche und ihrer Zusammenstellung in Schock-sensitive Cluster.

[104] vgl. Petschel-Held, Reusswig, 2000, S. 128

Da die Einflüsse langfristig wirken bzw. erst in Zukunft auftreten können, muß auch eine Prognose der regionalen Sozioökonomie unter Berücksichtigung der sektoralen Interdependenz-Beziehungen vorgenommen werden. Regionalökonometrische Analysen erlauben, Folgen für Bestandsgrößen und Stromgrößen wie Einkommen und Beschäftigung zu berechnen. Die in dieser Arbeit verwendeten regionalökonometrischen Prognosen basieren wiederum auf Szenarien, die eine mögliche Zukunft aufgrund angenommener Rahmenbedingungen und Trendentwicklungen beschreiben.

In dieser Arbeit sollte ein möglichst breites Spektrum möglicher Zukünfte aufgefächert werden, um die durch den Klimawandel verursachten Einschränkungen vor allem beim BIP in Relation zu anderen Entwicklungsbeeinflussenden Aspekten setzen zu können und so eventuelle Grenzbereiche festzustellen bzw. besonders klimasensitive Pfade ausfindig zu machen. Es sollten nicht neue Visionen möglicher Zukünfte erstellt werden, wie sie etwa innerhalb des Verbundprojekts "Arbeit und Ökologie" im Auftrag der Hans-Böckler-Stiftung entwickelt werden.[105] Dort wird u.a. das Szenario einer sozial-ökologischen Reformstrategie beschrieben und die ökonomische Entwicklung bis zum Jahr 2020 dann auch auf Bundesebene ökonometrisch prognostiziert. Dabei ist dieses Szenario ein "gesetztes" Szenario, mit dem Ziel, die Arbeitslosigkeit zu überwinden sowie Wirtschaftswachstum und Umweltschutz zu verbinden. Solche Zukunftsstudien sind für Wirkungsanalysen wie sie in dieser Arbeit durchgeführt wurden nur bedingt hilfreich, da entsprechende Untersuchungen die Entwicklungspfade und deren ökonomischen Folgen selbst als Ziel haben und nicht wie in dieser Arbeit die Entwicklungspfade als Vehikel benutzen, um darauf die eigentlichen Wirkungsanalysen durchzuführen.

Bei der Unterstützung durch Modellierungen ist eine Prüfung auf Robustheit durch Sensitivitätsanalysen erforderlich. Sensitivitätsanalysen können mögliche kumulative Fehlerfortpflanzungen innerhalb des Bewertungsprozesses aufdecken, soweit nicht schon ein Fehlerausgleich durch einfache Aggregation der Über- und Unterschätzungen erfolgt ist. Insgesamt schafft erst eine Transparenz des Bewertungsprozesses und damit auch das Offenlegen der gesetzten Annahmen und Wertungen das nötige Vertrauen im Umgang mit solchen Hilfestellungen für politische Entscheidungen.

Der inhaltlich und methodisch sensibelste Teil umfaßt die Bestimmung der zu simulierenden Impulse, also die quantitative Bewertung der Folgen ökonomi-

[105] Hans-Böckler-Stiftung, 2000

scher Prozesse. In dieser Arbeit wurde zum einen eine Bewertung von Überflutungsfolgen mit Schadensfunktionen nachvollzogen, welche aus der Sekundärliteratur stammen. Zum anderen wurden regionale Akteure anhand eines zukünftigen Klimaszenarios befragt, um subjektive Einschätzungen qualitativer Folgen (Wirkungszusammenhänge), aber auch quantitativer Folgen (Folgen für den Wertschöpfungsprozess) zu erhalten, welche aggregiert zu Impulsen bzw. Schocks für ökonomische Prozesse transformiert wurden. Diese Impulse bildeten für die regionalökonometrische Analyse die wichtigste Basis.

Gerade bei der Klärung der Klimasensitivität ist eine Bereitschaft der Befragten erforderlich, sich mit "Gedankenspielereien" auseinanderzusetzen, sich in eine Welt (bzw. Firma) zu versetzen, die bei einem veränderten Klima auf neue Risiken und eventuell auch neue Chancen trifft, sich direkte und indirekte Auswirkungen auf Produktionsabläufe vorzustellen und die Größenordnung dieser Einflüsse einzuschätzen. Die Befragungsergebnisse in dieser Arbeit stammen aus Einzelinterviews. Denkbar sind auch Diskussionsveranstaltungen, die z.B. nach Vertretern bestimmter wirtschaftlicher Sektoren gruppiert sind und gemeinsam das Phänomen sektorspezifisch interpretieren. Dabei sollte in diesen Diskussionen nicht nur über den Gegenstand intensiv geredet, sondern ein Diskurs geführt werden, d.h. das Thema wird auf der Basis einer nachvollziehbaren Methodik behandelt und die Aussagen werden ohne Ansehen der Person und ihres Status geklärt.[106] Dann begleitet kommunikatives Handeln den Prozeß, welches zur Bereitschaft der Teilnehmer führt, die mitgebrachten Präferenzen in Frage zu stellen und zu transzendieren, um so neues Wissen zu erzeugen bzw. neue Ansichten zur Bewertung möglicher Folgen des Klimawandels zu formulieren.

Gemäß einer Unterscheidung von vier Diskurskategorien[107], würde somit zunächst ein *kognitiver Diskurs* stattfinden. Das Ergebnis ist eine einheitliche Beschreibung und Klärung des Phänomens. In der zweiten Stufe wird ein *Reflexionsdiskurs* durchgeführt, d.h. es geht um die Klärung von Wissensbeständen, um Präferenzen und Werte sowie um die normative Beurteilung der Problemlage. Nachdem in diesem Verfahren sektorspezifische Folgen behandelt worden sind, sollten Vertreter der einzelnen Sektoren zu einem ähnlich gestuften Verfahren zusammenkommen, um sektorübergreifende Problemfelder zu identifizieren und zu bewerten. Mit diesem Ablauf würden nicht nur die Ergebnisse (qualitative und quantifizierte Impulse) methodisch nachvollziehbarer

[106] Zum Diskursbegriff vgl. Biesecker, 2000, S. 54.
[107] vgl. die Kategorisierung von Diskursen in: WBGU. 1999, S. 279 ff.

werden, es kann zudem eine breitere Variation an Handlungsoptionen ausgemacht werden, gekoppelt mit einer höheren Akzeptanz ihrer Umsetzung.

Ein auf Diskursen beruhender Bewertungsprozess erlaubte auch die Erweiterung des in der Überflutungsanalyse verwendeten Vermögensbegriffs. Im allgemeinen läßt sich Vermögen aufteilen in nichtreproduzierbares materielles Sachvermögen, zu dem Grund und Boden, Wälder, Gewässer und z.B. Gemälde gehören und produzierbares materielles Vermögen, zu dem das Produktivvermögen - also Vorratsvermögen und Anlagevermögen (Bauten und Ausrüstung) - und das Gebrauchsvermögen privater Haushalte (z.B. Auto, Waschmaschinen) gezählt wird. In dieser Arbeit wurde nur das produzierbare materielle Vermögen betrachtet, da die Kategorien der hier verwendeten Schadensfunktionen diese Grenze festlegten.[108]

Zukünftige Wirkungsanalysen sollten vor allem diese Schadensfunktionen, die in dieser Arbeit auf Experteneinschätzungen beruhten, überprüfen, aktualisieren und auf weitere Kategorien ausweiten. In einem gesellschaftlichen Diskurs können Schadensfunktionen für ökologische Systeme entwickelt werden, um das Naturvermögen zu integrieren. Da durch Überflutungsereignisse auch Austauschbeziehungen zwischen Menschen unterbrochen oder sogar zerstört würden, ist es zudem denkbar, den Vermögensbegriff auf das soziale Kapital [109] auszuweiten. Damit umfaßt der Vermögensbegriff Werte, die nicht nur über Tausch- und Kaufbeziehungen am Markt sichtbar sind, sondern auch Werte, die erst über kommunikative Prozesse in Form von gesellschaftlichen Diskursen entstehen.[110]

Die hier vorgestellte Wirkungsanalyse, welche mit einem abstrakten Phänomen wie dem globalen Klimawandel beginnt und mit einer magischen Zahl – der Veränderung des Bruttoinlandsprodukts – endet, wirft die Frage auf, ob solche quantitativen Aussagen innerhalb der ökonomischen Klimafolgenforschung überhaupt "wertvoll" sind. Sie sind es in zweifacher Hinsicht:

---

[108] Da kein Kosten-Nutzen-Vergleich mit Küstenschutzmaßnahmen zur Vermeidung von Überflutungsfolgen durchgeführt wurde, erhebt sich auch nicht der Anspruch einer "vollständigen" Bewertung der Folgen.

[109] Der Begriff „Soziales Kapital" wurde von Putnam innerhalb seines regionalen Netzwerkansatzes verwandt. Vgl. Putnam 1993, S. 163ff. Soziales Kapital entsteht, wenn sich die Beziehungen zwischen Personen so verändern, daß bestimmte Handlungen erleichtert werden.

[110] vgl. hierzu auch die "theoriegeschichtliche Spurensuche" in Biesecker, 2001

- zum einen sind sie "von Wert", da magische Zahlen auf wertbehafteten Annahmen und Methoden ihrer Berechnung beruhen, sofern diese auch transparent gemacht werden,
- zum anderen liegt ihr Wert darin, daß im Verlaufe der Erstellung dieser Zahl ein abstrakt komplexes Thema in eine aussagefähige Struktur übersetzt wird, welche - bei aller Unvollständigkeit - einen ersten Schritt zur Unterstützung einer vorsorgenden Politik bedeutet.

Der Prozeß der Problemstrukturierung führt zusammen mit der Dokumentation methodischer Unsicherheiten zur Wert-Transparenz. Dadurch wird die Notwendigkeit für eine vorsichtige Übersetzung wissenschaftlicher Ergebnisse in politische Handlungen deutlich. Denn "Bewertung bedeutet Verantwortung übernehmen".[111]

Die in dieser Arbeit vorgestellte Gesamtmethode erhält ihren besonderen Wert durch ihre Transparenz der jeweils notwendigen Wertsetzungen, um schließlich die magischen Werte als Outputgrößen nachvollziehbar zu machen, in ihren Kontext zu stellen und so zu entmystifizieren und handlungsrelevant zu machen.

[111] Scholles, 2001, S. 301

Variablenliste des Modells *brECOmod estuary*

Ökonomische Variablen	**Datenquelle/Berechnungsformel** **HB** - Statistisches Landesamt Bremen; **BW** - Statistisches Landesamt Baden-Württemberg; **NS**- Niedersächsisches Landesamt für Statistik; DIW - Deutsches Institut für Wirtschaftsforschung; **IAB** – Institut für Arbeitsmarkt- und Berufsforschung; **OECD** - Organisation for Economic Cooperation and Developement; **BMAS** – Bundesministerium für Arbeit und Soziales; **BMF** - Bundesministerium der Finanzen; **ARCA** - Datenbank des ARCA-Weltmodells
Verwendung	
Der reale private Konsum	
Y.HB.CPV: Privater Konsum, real, BSP-Konzept	BW
Die realen Bruttoanlageinvestitionen des Unternehmenssektors ohne Wohnungsbau	
Y.HB.IBV : Bruttoanlageninvestitionen des Unternehmenssektors (ohne Wohnungsbau)	Y.HB.IBV=Y.HB.IBEV+Y.HB.IBBV
Y.HB.NIBDLOV : Nettoanlageinvestitionen des Dienstleistungssektors ohne Wohnungsbau, real	Y.HB.NIBDLOV=DIF(Y.HB.KDLOWV)
Y.HB.NIBHVV: Nettoanlageinvestitionen des Sektors Handel und Verkehr, real	Y.HB.NIBHVV=DIF(Y.HB.KHVV)
Y.HB.NIBLFV : Nettoanlageinvestitionen der Landwirtschaft, roh, real	Y.HB.NIBLFV=DIF(Y.HB.KLFV)
Y.HB01.NIBWPV : Nettoanlageinvestitionen des warenproduzierenden Gewerbes, real	Y.HB.NIBWPV=DIF(Y.HB.KWPV)
Y.HB.IBBV : Reale Bruttowirtschaftsbauinvestitionen	Y.HB.IBBV= Reale Bauinvestitionen (BW) – Reale Bauinvestitionen des Staates (BW)– Y.HB.IWOV
Y.HB.IBEV : Reale Bruttoausrüstungsinvestitionen der Unternehmen	Y.HB.IBEV= Reale Bruttoausrüstungsinvestitionen (BW)– Reale Bruttoausrüstungsinvestitionen des Staates (BW)
Die realen Wohnungsbauinvestitionen	
Y.HB.IWOV : Wohnbauinvestitionen, real	BW
Die staatlichen Nettoinvestitionen	
Y.HB.IGOV : Staatliche Bruttoinvestitionen, real	BW
Y.HB.NIGV: Staatliche Nettoinvestitionen, real	Y.HB.NIGV=DIF(Y.HB.KSOHV)
Die Bruttoanlageinvestitionen insgesamt	
Y.HB.ITOV: Bruttoanlageninvestitionen, real	BW
Y.HB.IV: Bruttoanlageninvestitionen, real (BSP-Konzept)	BW
Der reale Staatsverbrauch	
Y.HB.CGNWV : Realer Staatsverbrauch: Nichtlohnverbrauch	Y.HB.CGNWV=Y.HB.CGV-Y.HB.CGWV
Y.HB.CGV : Realer Staatsverbrauch	BW
Y.HB.CGWV : Realer Staatsverbrauch: Löhne	Y.HB.CGWV=Y.HB.BWSTV

Der Restposten und seine Komponenten	
Y.HB.MGSV : Importvolumen, Güter und Dienstleistungen	Y.HB.MGSV = Y.HB.MGV+Y.HB.MSV
Y.HB.MGV : Warenimporte des Landes Bremen, Volumen	Y.HB.MGV=Y.HB.MG/Y.GER.PMG
Y.HB.MSV : Aufwendungen Bremens für Dienstleistungen des Auslandes, Volumen	Y.HB.MSV= Aufwendungen Bremens für Dienstleistungen des Auslandes(HB)/ Deflator der Dienstleistungsimporte, Deutschland (DIW)
Y.HB.XGSV : Exportvolumen, Güter und Dienstleistungen	Y.HB.XGSV=Y.HB.XGV+Y.HB.XSV
Y.HB.XGV : Ausfuhr bremischer Waren, Volumen	Y.HB.XGV= Ausfuhr bremischer Waren, nominal (HB)/ Deflator des Warenexports, Deutschland (DIW)
Y.HB.XSV : Erlöse aus bremischen Dienstleistungen für ausländische Rechnung, Volumen	Y.HB.XSV= Erlöse aus bremischen Dienstleistungen für ausländische Rechnung, nominal (HB) / Deflator des Dienstleistungsexports, Deutschland (DIW)
Y.HB.NXV : Restgröße, enthält Lagerinvestitionen ,Nettoexporte nach dem BSP-Konzept und statistische Diskrepanzen, real	BW
Reale inländische Nachfrage und reales Bruttosozialprodukt	
Y.HB.FDDV : Endnachfrage der Inländer, real	Y.HB.FDDV=Y.HB.GSPV-Y.HB.NXV
Y.HB.GDPV : Bruttoinlandsprodukt,real	HB
Y.HB.GSPV : Bruttosozialprodukt, real	BW
Die Übergänge vom realen Bruttosozialprodukt zum realen Bruttoinlandsprodukt und zur realen Bruttowertschöpfung	
Y.HB.BWV : Reale Bruttowertschöpfung	BW
Y.HB.BWNAV : Bruttowertschöpfung, unbereinigt, real	BW
Y.HB.NAE : Saldo der Erwerbs- und Vermögenseinkommen mit dem Rest der Welt, nominal	Y.HB.NAE=Y.HB.GSP-Y.HB.GDP
Y.HB.NAEV : Saldo der Erwerbs- und Vermögenseinkommen mit dem Rest der Welt, real	Y.HB.NAEV=Y.HB.GSPV-Y.HB.GDPV
Weitere Verwendungsaggregate	
Y.HB.MG : Warenimporte des Landes Bremen, Werte	HB
Y.HB.FDD : Endnachfrage der Inländer, nominal	Y.HB.PFDD=Y.HB.FDD/Y.HB.FDDV
Y.HB.AB : Abgänge vom Nichtwohnbaukapitalstock des Unternehmenssektors, nominal	Y.HB.ABV*Y.HB.PIB
Y.HB.GDP : Bruttoinlandsprodukt, nominal	HB
Y.HB.GDPB : Bruttoinlandsprodukt ohne BWS des Staates, nominal	Y.HB.GDPB=Y.HB.GDP-Y.HB.BWST
Y.HB.GDPBV : Bruttoinlandsprodukt ohne BWS des Staates, real	Y.HB.GDPBV=Y.HB.GDPV-Y.HB.BWSTV
Y.HB.GSP : Bruttosozialprodukt,nominal	BW

Entstehung	
Die reale Wertschöpfung der 11 Wirtschaftszweige	
Y.HB.BWBGV : Reale Bruttowertschöpfung, Baugewerbe	BW
Y.HB.BWDLOWV : Reale BWS, private Dienstleistungen ohne Wohnungsvermietung	Y.HB.BWDLV-Y.HB.BWWVV
Y.HB.BWDLV : Reale BWS, private Dienstleistungen	BW
Y.HB.BWEWV : Reale BWS, Bergbau, Energie und Wasser	BW
Y.HB.BWHV : Reale BWS, Handel	BW
Y.HB.BWHVV : Reale BWS, Handel und Verkehr	BW
Y.HB.BWKVV : Reale BWS, Kreditgewerbe und Versicherungen	BW
Y.HB.BWLFV : Reale BWS, Landwirtschaft, Fischerei und Forsten	BW
Y.HB.BWPGV : Reale BWS, warenproduzierendes Gewerbe	BW
Y.HB.BWPHV : Reale BWS der privaten Haushalte und der privaten Organisationen ohne Erwerbszweck	HB
Y.HB.BWSDV : Reale BWS, sonstige Dienstleistungen	BW
Y.HB.BWST : Bruttowertschöpfung des Staates, nominal	HB
Y.HB.BWSTV : Bruttowertschöpfung des Staates, real	HB
Y.HB.BWVGV : Reale Bruttowertschöpfung, Verarbeitendes Gewerbe	BW
Y.HB.BWVR : Reale Bruttowertschöpfung, roh (Summe der sektoralen Schätzungen)	BW
Y.HB.BWVV : Reale BWS, Verkehr	BW
Y.HB.BWWVV : Reale BWS, Wohnungsvermietung	BW
Y.HB.UEBV : Unterstellte Entgelte für Bankdienstleistungen, real	BW
Verteilung	
Die Löhne	
Y.HB.WSEN : Nettoeinkommen je lohnabhängigem Inländer	Y.HB.WSEN=Y.HB.WSSSN/Y.HB.EE
Y.HB.WSPEND : Saldo der Lohneinkommen mit der übrigen Welt	Y.HB.WSPEND=Y.HB.WSSSI-Y.HB.WSSS
Y.HB.WSSB : Einkommen aus unselbständiger Arbeit,	Y.HB.HB.WSSB=Y.HB.WSSSI-YS.HB.WSSG
Y.HB.WSSEB : Unternehmenssektor : Bruttolohnsatz, Lohnabhängige im Inland	Y.HB.WSSEB=Y.HB.WSSB/Y.HB.EPI
Y.HB.WSSEI : Bruttolohnsatz, Lohnabhängige im Inland	Y.HB.WSSEI=Y.HB.WSSSI/Y.HB.EEI
Y.HB.WSSEP : Proxy: Bruttolohnsatz der Nettopendler	Y.HB.WSSEP=Y.HB.WSPEND/Y.HB.EEPS
Y.HB.WSSES : Bruttolohnsatz Staat, Lohnabhängige im Inland	BW
Y.HB.WSSG : Einkommen aus unselbständiger Arbeit, Staat	BW

Y.HB.WSSS : Einkommen aus unselbständiger Arbeit ,Inländer	BW
Y.HB.WSSSI : Einkommen aus unselbständiger Arbeit, im Inland entstanden	BW
Y.HB.WSSSN : Nettoeinkommen aus unselbständiger Arbeit, Inländer	BW
Y.HB.WSSSNV : Einkommen aus unselbständiger Arbeit, Inländer, deflationiert	Y.HB.WSSSNV=Y.HB.WSSSN/Y.HB.PCP
Die Transfereinkommen der privaten Haushalte	
Y.HB.TRRHN : Private Haushalte: Empfangene Nettotransferzahlungen	BW
Y.HB.TRRHNV: Private Haushalte: Empfangene Nettotransferzahlungen, deflationiert	Y.HB.TRRHNV=Y.HB.TRRHN/Y.HB.PCP
Die Einkommen aus Unternehmertätigkeit und Vermögen	
Y.HB.YOTHN : Einkommen aus Unternehmertätigkeit und Vermögen, Inländer	BW
Y.HB.YOTHNV : Einkommen aus Unternehmertätigkeit und Vermögen, Inländer, deflationiert	Y.HB.YOTHNV=Y.HB.YOTHN/Y.HB.PCP
Y.HB.OS2 : Brutto-Cash-Flow des Unternehmenssektors vor Steuern	Y.HB.OS2=Y.HB.GDPB-Y.HB.WSSB-Y.HB.AB-Y.HB.TIND+Y.HB.TSUB
Kenngrößen zur Angebotssituation	
Y.HB.PLUB : Index der Lohnstückkosten im Unternehmenssektor	Y.HB.PLUB=Y.HBWSSBI/Y.HB.GDPBV/0.47531
Y.HB.PR2 : Bruttosachkapitalrendite des Unternehmenssektors	Y.HB.PR2=Y.HB.OS2/Y.HB.KB2/10
Y.HB.TQ2 : Relation Sach/Finanzkapitalrendite	Y.HB.TQ2=Y.HB.PR2/(Y.DEU.IRL+PDIF(Y.HB.IRS,Y.DEU.IRL))
Arbeitsmarkt	
Die Entwicklung der Zahl der Erwerbstätigen und ihrer sektoralen Komponenten	
Y.HB.EE : Lohnabhängige Inländer	BW
Y.HB.EEI : Lohnabhängige im Inland	BW
Y.HB.EEIDL : Lohnabhängige im Inland, privater Dienstleistungssektor	BW
Y.HB.EEIHV : Lohnabhängige im Inland, Sektor Handel und Verkehr	BW
Y.HB.EEILF : Lohnabhängige im Inland, Landwirtschaft	BW
Y.HB.EEIPG : Lohnabhängige im Inland, warenproduzierendes Gewerbe	BW
Y.HB.EEPS : Lohnabhängige, Pendlersaldo	Y.HB.EEPS=Y.HB.EEI-Y.HB.EE
Y.HB.EPI : Lohnabhängige im Inland, Unternehmenssektor	Y.HB.EPI=Y.HB.EEI-Y.HB.EGI
Y.HB.ESI : Selbständige im Inland	BW
Y.HB.ET : Erwerbstätige Inländer	BW
Y.HB.ETI : Erwerbstätige im Inland	BW

Erwerbspersonen und Arbeitslose	
Y.HB.UN : Arbeitslose Inländer	HB
Y.HB.UNR : Arbeitslosenquote	Y.HB.UNR=Y.HB.UN/Y.HB.LF*100
Y.HB.LF : Erwerbspersonen, Inländer	Y.HB.LF=Y.HB.ET+Y.HB.UN
Y.HB.LFD : Absolute Zunahme der inländischen Erwerbspersonen gegenüber dem Vorjahr	Y.HB.LFD= DIF(Y.HB.LF)
Die Erwerbstätigenproduktivität	
Y.HB.APET : Erwerbstätigenproduktivität, real	Y.HB.GDPV/Y.HB.ET
Kapitalstock	
Der Kapitalstock	
Y.HB.KB2 : Bruttoanlagevermögen des Unternehmenssektors (Nichtwohnbau), nominal	Y.HB.KB=Y.HB.KBV*Y.HB.PIB
Y.HB.KBV : Bruttoanlagevermögen des Unternehmenssektors (Nichtwohnbau), real	Y.HB.KBV=Bruttoanlagenvermögen, real (HB) – Bruttoanlagenvermögen, Wohnungsvermietung, real (HB) – Y.HB.KSOHV
Y.HB.ABV : Abgänge vom Nichtwohnbaukapitalstock des Unternehmenssektors, real	Y.HB.IBV-Y.HB.NIBV
Y.HB.NIBV : Nichtwohnbauanlageninvestitionen des Unternehmenssektors, netto (Abgangskonzept), real	Y.HB.NIBV=DIF(Y.HB.KBV)
Y.HB.NIBVR : Nichtwohnbauanlageinvestitionen des Unternehmenssektors, netto, Abgangskonzept, roh, real (Summe der Sektorschätzungen)	Y.HB.NIBVR=Y.HB.NIBV
Y.HB.KBVPC : Realer Unternehmenskapitalstock pro Kopf der Bevölkerung	Y.HB.KBVPC=Y.HB.KBV/Y.HB.POP
Y.HB.KDLOWV : Reales Bruttoanlagevermögen, Dienstleistungssektor ohne Wohnungsbau	HB
Y.HB.KDOVPC : Bruttoanlagevermögen, Dienstleistungen ohne Wohnungsbau, real	Y.HB.KDOVPC=Y.HB.KDLOWV/Y.HB.POP
Y.HB.KHVV : Reales BAV, Handel und Verkehr	HB
Y.HB.KHVVPC : Bruttoanlagevermögen, Handel und Verkehr	Y.HB.KHVVPC=Y.HB.KHVV/Y.HB.POP
Y.HB.KLFV : Reales BAV, Landwirtschaft	HB
Y.HB.KSOHV : Reales BAV , Staat	HB
Y.HB.KWPV : Reales BAV, Warenproduzierendes Gewerbe	HB
Y.HB.KWPVPC : Bruttoanlagevermögen, Warenproduzierendes Gewerbe, real	Y.HB.KWPVPC=Y.HB.KWPV/Y.HB.POP
Produktionspotential, Kapazitätsauslastung und Modernitätsgrad	
Y.HB.GDPBVP : Produktionspotential des Unternehmenssektors, real	Schätzwerte der Funktion C.V1
Y.HB.MODG8 : Modernitätsgrad des Unternehmenskapitalstocks	Y.HB.MODG8=MAVG(8, Y.HB.IBV)*8/Y.HB.KBV/10
Y.HB.CUTB : Auslastungsgrad des Nichtwohnbaukapitalstocks des Unternehmenssektors	Y.HB.CUTB=Y.HB.GDPBV/Y.HB.GDPBVP

Staatshaushalt	
Y.HB.EA : Einfuhrabgaben, nominal	BW
Y.HB.EAV : Einfuhrabgaben, real	BW
Y.HB.NAU : Nichtabzugsfähige Umsatzsteuer	BW
Y.HB.NAUV : Nichtabzugsfähige Umsatzsteuer, real	BW
Y.HB.STAULB : Steueraufkommen	HB
Y.HB.STEILB : Steuereinnahmen	HB
Y.HB.TIND : Umsatzsteuer	Y.HB.TIND=Y.HB.NAU+Y.HB.EA
Preise	
Y.HB.PBWST : Deflator der Bruttowertschöpfung des Staates	Y.HB.PBWST=Y.HB.BWST/Y.HB.BWSTV*100
Y.HB.PCP : Konsumdeflator	Y.HB.PCP=Y.HB.CP/Y.HB.CPV
Y.HB.PFDD : Deflator der inländischen Endnachfrage	Y.HB.PFDD=Y.HB.FDD/Y.HB.FDDV
Y.HB.PGDP : BIP-Deflator	Y.HB.PGDP=Y.HB.GDP/Y.HB.GDPV*100
Y.HB.PGSP : BSP-Deflator	Y.HB.PGSP=Y.HB.GSP/Y.HB.GSPV*100
Y.HB.PIB : Deflator der Nichtwohnbauanl.investitionen des Unternehmenssektors	Y.HB.PIB=Y.HB.IB/Y.HB.IBV
Y.HB.PIG : Deflator der staatlichen Investitionen	
Demographie	
Y.HB.PHE : Privathaushalte (Proxy)	HB
Y.HB.PHPPOPR : Relation Privathaushalte zu Bevölkerungszahl	Ergebnis der Schätzfunktion Z.V1. Die Zahl der Privathaushalte und die daraus gebildete Quote sind nicht als durchgängige Zeitreihe verfügbar. Daher wurde über die halblogarithmische Schätzfunktion interpoliert
Die Landkreise im Weserästuar	
Y.CX.BWV : Bruttowertschöpfung, real, LK Cuxhaven	NS
Y.CX.ET : Erwerbstätige, Inland, LK Cuxhaven	NS
Y.OZ.BWV : Bruttowertschöpfung, real, LK Osterholz	NS
Y.OZ.ET : Erwerbstätige, Inland, LK Osterholz	NS
Y.WM.BWV : Bruttowertschöpfung, real, LK Wesermarsch	NS
Y.WM.ET : Erwerbstätige, Inland, LK Wesermarsch	NS

Exogene Variablen	
Q.DEU.POP : Einwohner (Alte Bundesländer)	DIW
Q.DEU.USTS : Mehrwertsteuersatz (Regelsatz)	BMF
Q.GER.XGSV : Exportvolumen (Deutschland)	DIW
Y.DEU.TAJAZ : Durchschnittliche tarifliche Jahresarbeitszeit (Alte Bundesländer)	IAB
Y.DEU.WSST : Bruttolohnsatz, Gesamtwirtschaft (Alte Bundesländer)	DIW
Y.GER.IRL : Langfristiger Zinssatz (10-Jahres-Bonds)	OECD
Y.GER.IRS : Kurzfristiger Zinssatz (3-Monats-Geld)	OECD
Y.GER.LNK : Summe der Sozialversicherungssätze (Deutschland)	BMAS
Y.GER.LSTS : Durchschnittlicher Lohnsteuersatz (Deutschland)	Y.GER.LSTS= Lohnsteuern, Deutschland (DIW)/ Bruttolohn- und Gehaltssumme Deutschland(DIW)
Y.GER.PCP : Konsumdeflator (Deutschland)	DIW
Y.GER.PGDP : BIP-Deflator (Deutschland)	DIW
Y.GER.PIB : Defl. der Bruttoanlageinvest. des Unternehmenssekt. o. Wohnungsbau (Deutschland)	Y.GER.PIB= (Ausrüstungs- und Wirtschaftsbauinvestitionen, nominal (DIW)) / (Ausrüstungs- und Wirtschaftsbauinvestitionen, real (DIW))
Y.GER.PMG : Preisindex der Güterimporte (Deutschland)	DIW
Y.GER.UNR : Arbeitslosenquote (Deutschland)	Y.GER.UNR= Arbeitslose, Deutschland (DIW)/Erwerbspersonen, Deutschland (DIW)*100
Y.GER.XGV : Exportvolumen, Güter (Deutschland)	DIW
Y.HB.ES : Selbständige Inländer (Bremen)	BW
Y.HB.IGO : Staatliche Investitionen, nominal (Bremen)	BW
Y.HB.POP : Einwohner (Bremen)	HB
Y.HB.TSUB : Subventionen (Bremen)	BW
Y.PE : Ölpreisindex auf Dollarbasis	ARCA
Y.WGR.ISKV :Lagerinvestitionen, reale (Alte Bundesländer)	DIW
Y.HB.EGI : Lohnabhängige im Inland, Staat	HB

Literatur

Bartsch, K.: *Das regionalökonometrische Modell für die Unterweser-Region brECOmod estuary Version 3.1. -Überblick-*, in: Bremer Diskussionspapiere zur ökonomischen Klimafolgenforschung, 1999, Nr. 4

Bartsch: *Abschätzung des potentiellen Schadens von Klimaänderungen mittels der Implementierung eines klimasensitiven Clusters in das brECOmod estuary Modell.* (unveröffentlichte Dokumentation), 2000

Berz, G.: *Klimaänderung: Mögliche Auswirkungen und Gegenmaßnahmen*, in: Energiewirtschaftliche Tagesfragen 46. Jg. 1996, Heft 7, S. 440-446

Biesecker, A.: *Arbeitsteilung und das Ganze des Wirtschaftens – Die Produktivität sozio-ökonomischer Vielfalt*, in: H.G. Nutzinger und M. Held (Hrsg.): *Geteilte Arbeit und ganzer Mensch. Perspektiven der Arbeitsgesellschaft*, Frankfurt/New York, 2000, S. 204-225

Biesecker, A.: *Markt, Macht, Diskurs in der Bestimmung ökonomischer Werte – theoriegeschichtliche Spurensuche*, in: W. Elsner, A. Biesecker, K. Grenzdörffer (Hg.), *Ökonomische Be-Wertungen in gesellschaftlichen Prozessen: Markt - Macht - Diskurs*. Herbolzheim: Centaurus Verl.-Ges., 2001, S. 53-79

Cline, W. R.: *The Economics of Global Warming*, Institute for International Economics, Washington, 1992

Cline, W. R.: *Costs and Benefits of Greenhouse Abatement: A Guide to Policy Analysis*, in: The Economics of Climate Change - Proceedings of an OECD/IEA Conference, OECD (Hrsg.) 1994, S. 87-105

Deistler, M.: *Geschichte und Perspektiven der Ökonometrie*, in: RWI Mitteilungen, 1999, Jg. 50 (3), S. 109-127

Ebenhöh W., H. Sterr, F. Simmering: *Potentielle Gefährdung und Vulnerabilität der deutschen Nord- und Ostseeküste bei fortschreitendem Klimawandel*, Bonn, 1997

Eckerle, K.: *Auswirkungen veränderter ökonomischer und rechtlicher Rahmenbedingungen auf die gesetzliche Rentenversicherung in Deutschland*, Prognos Gutachten, DEV Schriften Band 9, Frankfurt a.M., 1998

Egli, T.: *Hochwasserschutz und Raumplanung*, in: ORL-Berichte, VDF, Zürich, 1996

Elsner W., Gisela Gielow, Marianne Grewe-Wacker, Martha Pohl: *Der Unterweserraum aus der Sicht der Zentrumsfunktionen Bremens,* in: Rainer Krüger (Hrsg.): Der Unterweserraum - Strukturen und Entwicklungsperspektiven, Oldenburg: Universität Oldenburg, 1995, S. 173-199

Elsner W.: *Regionale Infrastruktur und infrastrukturpolitischer Handlungsbedarf in der Region Bremen*, in Bremer Diskussionspapiere zur Sozialökonomie, Nr. 9, 1996

Elsner, W.: *An Industrial Policy Agenda 2000 And Beyond – Experience, Theory and Policy*, in: Elsner, W., J. Groenewegen (Eds.): *Industrial Policies After 2000,* Boston, Dordrecht, London: Kluwer Acad. Publ., 2000, pp. 411-486

Elsner W., T. Knogge: *Das Projekt „Analyse der ökonomischen Folgen eines Klimawandels in der Unterweserregion"*, in: Bremer Diskussionspapiere zur ökonomischen Klimafolgenforschung, Nr. 3, 1998

Elsner, W., T. Knogge: *Zur Anwendung regionaler ökonometrischer Modelle im interdisziplinären Kontext. Das Beispiel der Analyse regionalökonomischer Klimawirkungen*, in: Ehrig, D., R. Himmelreicher, H. Schaefer (Hg.): *Finanzmarktarchitektur, ökonomische Dynamik und regionale Strukturforschung*. Festschrift für Gerhard Leithäuser und Thomas von der Vring, Universität Bremen, Bremen, 2000, S. 269-295

Fankhauser S., D. W. Pearce: *The Social Costs of Greenhouse Gas Emissions*, in: *The Economics of Climate Change* - Proceedings of an OECD/IEA Conference, OECD (Hrsg.) 1994, S. 71-86

Fankhauser, S.: *Valuing Climate Change - The Economics of the Greenhouse,* London, 1995

Geisendorf, S., S. Gronemann, U. Hampicke, H. Immler: *Die Bedeutung des Naturvermögens und der Biodiversität für eine nachhaltige Wirtschaftsweise – Möglichkeiten und Grenzen ihrer Erfaßbarkeit und Wertmessung,* Vorhaben Nr. 101 03 165/02 im Auftrag des BMU/UBA, Berichte Umweltbundesamt, Nr. 6, Erich Schmidt Verlag: Berlin, 1998

Görzig, B., J. Schintke und M. Schmidt: *Produktion und Faktoreinsatz nach Branchen des verarbeitenden Gewerbes Westdeutschlands – Berechnung für 31 Branchen in europäischer Klassifikation*, DIW: Berlin 1998

Hans-Böckler-Stiftung: *Wege in eine nachhaltige Zukunft. Ergebnisse aus dem Verbundprojekt Arbeit und Ökologie*, Broschüre, Düsseldorf, Juli 2000

Hamann, M. und H. Klug: Wertermittlung für die potentiell sturmflut*gefährdeten Gebiete an den Küsten Schleswig-Holsteins*, in: Preu, C. (Hrsg.): *Aktuelle Beiträge zur interdisziplinären Meeres- und Küstenforschung,* Vechtaer Studien zur Angewandten Geographie und Regionalwissenschaft 20, 1998, S. 63-70

Hoffmann, B., M. Meinken: *Einfluß der Klimaänderungen auf die küstennahen Grundwasserverhältnisse unter Berücksichtigung der Be- und Entwässerungssituation in den Marschengebieten* - Endbericht, im Rahmen des Gesamtprojektes „Klimaänderung und Unterweserregion (KLIMU)" des Bund-Länder-Programms „Klimaänderung und Küste" des BMBF, Institut für Wasserwirtschaft, Hydrologie und landwirtschaftlichen Wasserbau, Universität Hannover, 2000 (unveröffentlicht)

Intergovernmental Panel On Climate Change –IPCC: *Climate Change. The IPCC Scientific Assessment*, Cambridge u.a., 1990

Intergovernmental Panel On Climate Change –IPCC: *Climate Change 1995. – The Science of Climate Change.* J.T. Houghton et al. (Hrsg.) for the IPCC, Cambridge University Press, 1995

Intergovernmental Panel On Climate Change –IPCC: *Climate Change 2001. – The Science of Climate Change.* J.T. Houghton et al. (Hrsg.) for the IPCC, Cambridge University Press, 2001

Institut der deutschen Wirtschaft Köln (IWD*): Delphi-Befragung - Der Blick in die Zukunft*, in: Informationsdienst, Ausgabe Nr. 34, Jg. 23, S. 2, 1997

Janssen, M.: *Modelling Global Change. The Art of Integrated Assessment Modelling*, Cheltenham: Edward Elgar, 1998

Kahn, H. und A.J. Wiener: *Ihr werdet es erleben. Voraussagen der Wissenschaft bis zum Jahre 2000*, Reinbek, 1971

Kirchhoff, S.P. und W. Elsner: *Logistik–Sektor und Region. Definition, Erfassung und Entwicklung des Logistik-Sektors am Beispiel des Logistik-Standortes Bremen*, Institut für Konjunktur- und Strukturforschung (IKSF) Discussion Paper Nr. 13, Bremen, 1997

Klaus, J. und R.F. Schmidtke: *Methodik des Bewertungsgutachten für Deichbauvorhaben an der Festlandküste - Modellgebiet Wesermarsch,* im Auftrag vom Bundesministerium für Ernährung, Landwirtschaft und Forsten, Bonn, 1990

Knogge, T.: *Sustainable Development in der Neoklassik und im Institutionalismus. Mit einer praktischen Anwendung am Beispiel der Regenwaldproblematik Amazoniens*, Reihe: Wirtschaftswissenschaften, Bd. 83, Centaurus Verlag, Pfaffenweiler, 1998

Knogge, T., M. Wrobel: *Klimasensitive Wirtschaftsbereiche: Ergebnisse eines Verfahrens zur Identifikation eines regionalen Clusters am Beispiel der Unterweserregion*, in: Bremer Diskussionspapiere zur ökonomischen Klimafolgenforschung, Nr. 7, 2000

Leipert, C.: *Social Costs of Economic Growth*, in: Journal of Economic Issues, Vol. XXI No.1, März, 1986, S. 109-131

Maniak, U, A. Weihrauch, G. Riedel: *Flußgebietsmodell für den Wasser- und Stoffhaushalt im Einzugsgebiet des Weserästuars* - Endbericht, im Rahmen des Gesamtprojektes „Klimaänderung und Unterweserregion (KLIMU)“ des Bund-Länder-Programms „Klimaänderung und Küste“ des BMBF, Abt. Hydrologie und Wasserwirtschaft, Leichtweiß-Institut für Wasserbau, Technische Universität Braunschweig, 2000 (unveröffentlicht)

Manne, A.S., R. Mendelsohn and R.G. Richels: MERGE: *A Model for Evaluating Regional and Global Effects of GHG Reduction Policies*, in: Nakicenovic, N, W.D. Nordhaus, R. Richels, and F.L. Toth (Eds.): *Integrative Assessment of Mitigation, Impacts, and Adaptation to Climate Change*, CP-94-0, IIASA, Laxenburg, Austria, 1994, S. 143-172

Meadows, D. et al.: *Die Grenzen des Wachstums. Bericht des Club of Rome zur Lage der Menschheit*, Stuttgart, 1972

Menges, G. und Diehl, H.: *Das Stabilitätsproblem in der Ökonometrie*, in: Statistische Hefte, Frankfurt, 6. Jg., 1965, S.27-52

Meyer, B., A. Bockermann, G. Ewerhart, Chr. Lutz: *Modellierung der Nachhaltigkeitslücke. Eine umweltökonometrische Analyse*, Reihe Umwelt und Ökonomie, Physica-Verlag, 1998, Bd. 26

Münchener Rückversicherungs-Gesellschaft: *Naturkatastrophen 1997 – Jahresrückblick*, in: Topics Naturkatastrophen, 1997, München

NIW/BAW: *Konzept für eine regionale Infrastrukturpolitik im Raum der Gemeinsamen Landesplanung Bremen/Niedersachsen. Gutachten des Niedersächsischen Instituts für Wirtschaftsforschung und des Bremer Ausschuß für Wirtschaftsforschung*. Band 1: Hauptbericht. Hannover, Bremen, 1994 (Veröffentlichung der Gemeinsamen Landesplanung Bremen/Niedersachsen, Schriftenreihe Nr. 4-94)

Nordhaus, W.D.: *To Slow or Not to Slow: The Economics of the Greenhouse Effect*, in: The Economics Journal 101, 1991, S. 920-937

Nordhaus, W.D.: *Rolling the "DICE": An Optimal Transition Path for Controlling Greenhouse Gases*, in: Resources and Energy Economics, 1993, 15, S. 27-50

Nordhaus, W. D.: *Survey on Uncertainties Associated with Potential Climate Change*, Mimeo, Yale University, New Haven, Conn., 1993a

Nordhaus, W. D.: *Optimal Greenhouse Gas Reductions and Tax Policy in the `DICE' Model*, in: American Economic Review, Papers and Proceedings 83 (2), 1993b, S. 313-317

Nordhaus, W. D.: *Expert Opinion on Climate Change*, in: American Scientist, January-February, 1994, S. 45-51

Osterkamp, S., D. Kraft, M. Schirmer: *Climate Change and the Ecology of the Weser Estuary*, in: Climate Research, 2001 (in press)

Petschel-Held, G. und F. Reusswig: *Syndrome des Globalen Wandels: Ergebnisse und Strukturen einer transdisziplinären Erfolgsgeschichte, in:* Brandt, K.W. (Hrsg.): *Nachhaltige Entwicklung und Transdisziplinarität - Forschungsmethodische Erfahrungen, Modelle und wissenschaftspolitische Erfordernisse*, Analytica-Verlag: Berlin, 2000, S. 127-144.

Porter, M.E.: *The Competitive Advantage of Nations*. MacMillan, New York, 1990

Prognos: Deutschland Report Nr. 1: *Die Bundesrepublik Deutschland 2000-2005-2010 – Entwicklung von Wirtschaft und Gesellschaft*, Basel, Berlin, Köln, 1993

Prognos: Deutschland Report Nr. 2: *Die Bundesrepublik Deutschland 2005-2010-2020 – Wirtschaftliche Perspektiven für Deutschland*, Basel, 1998

Prognos: *Szenarien der wirtschaftlichen Entwicklung in den alten Bundesländern und in der Unterweserregion im Rahmen des Gesamtprojektes ‚Klimaänderung und Unterweserregion'*. im Auftrag der Universität Bremen, FB Wirtschaftswissenschaft, Basel, März 2000 (unveröffentlicht)

Putnam, R.D. with R. Leonardi and R.Y. Nanetti: *Making Democracy Work – Civic Traditions in Modern Italy*, Princton University Press, 1993

Rahmstorf, S.: *Treibhauseffekt und Klimawandel.*, in: Blotevogel, H.H., J. Ossenbrügge, G. Wood (Hrsg.): *Lokal verankert - weltweit vernetzt,* Tagungsbericht und Wissenschaftliche Abhandlungen / 52. Deutscher Geographentag Hamburg. Stuttgart: Steiner, 2000, S. 68-71

Reusswig, F.: *Wie weit reicht sinnliche Wahrnehmung? Probleme sinnlicher Kontrollierbarkeit globaler Umweltveränderungen*, Manuskript zum Vortrag in der Reihe "Politische Debatten" der Hessischen Gesellschaft für Demokratie und Ökologie, Juni, 1998, (http://www.hgdoe.de/pol/drei.htm)

Rosenberg, N. J. (Hrsg.): *Towards an Integrated Impact Assessment of Climate Change: The MINK Study*, in Climatic Change, Vol. 24, Nos. 1-2, Special Issue, 1993

Rothgang, M.: *Ökonomische Perspektiven des Naturschutzes: Analyse naturschutzpolitischer Ansätze im Hinblick auf das Zusammenwirken von ökologischen Begrenzungen, institutionellen Strukturen und ökonomischen Erfordernissen*, Duncker & Humblot, Berlin, 1997

Rotmans, J.: *IMAGE: An Integrated Model to Assess the Greenhouse Effect*, Kluwer Academic Publishers, Dordrecht, 1990

Schellnhuber H.-J., W. Enke, M. Flechsig (Hrsg.): *Extremer Nordsommer 1992 – Meteorologische Ausprägung, Wirkung auf naturnahe und vom Menschen beeinflußte Ökosysteme, gesellschaftliche Perzeption und situationsbezogene politisch-administrative bzw. individuelle Maßnahmen*, PIK Reports No 2, Volume 1-3, 1992

Schmidtke, R. F.: *Sozio-ökonomische Schäden von Hochwasserkatastrophen*, in: Wasserbau-Mitteilungen, Technische Hochschule Darmstadt, (Hrsg.), Bd. 40, Darmstadt, 1995

Scholles, F.: *Grundfragen der Bewertung*, in: Fürst, D.; F. Scholles (Hrsg.): *Handbuch Theorien und Methoden der Raum- und Umweltplanung*, Dortmund (Handbücher zum Umweltschutz, 4), 2001, S. 292-301

Schulz, M: *Internationale Zukunftsstudien zur langfristigen sozialen Entwicklung*, in: Bremer Diskussionspapiere zur ökonomischen Klimafolgenforschung, Nr. 5, 1999

Schulz, M: *Der langfristige soziale Wandel und seine Interpretation in ökonometrische Langfristprognosen*, in: Bremer Diskussionspapiere zur ökonomischen Klimafolgenforschung, Nr. 8, 2000

Sors A., A. Liberatore, S. Funtowicz, J.C. Hourcade and J.L. Fellous (Eds.): *Prospects for integrated environmental assessment: Lessons learnt from the case of climate change*, Proceedings of the International Symposium, DG XII, Toulouse, France, October 24-26, 1996

Statistisches Bundesamt: *Volkswirtschaftliche Gesamtrechnungen*, Fachserie 18, Reihe 1.2 – Konten und Standardtabellen – für 1997 (Hauptbericht), Metzler-Poeschel: Stuttgart, 1998

Sterr, H.: *Integriertes Küstenmanagement (ICZM)*, in: Prisma, 12, 1993, Vol, Nr. 4, S. 8-13

Sterr, H.: *Die Problematik des Klimawandels für das integrierte Küstenzonen-Management (IKZM)*, in: Schriftenreihe für Landwirtschaftspflege und Naturschutz, Bonn-Bad Godesberg, 1997, Bd. H.52, S. 87-98

Stock M., F. Tóth (Hrsg.): *Mögliche Auswirkungen von Klimaänderungen auf das Land Brandenburg – Pilostudie*, Bericht des Potsdam-Instituts für Klimafolgenforschung e.V., 1996

Storch, H., R. Schnur, E. Zorita: *Szenarien & Beratung – Anwenderorientierte Szenarien für den norddeutschen Küstenbereich*, Abschlußbericht (unveröffentlicht), 1998

Tol, R. S. J.: *The Damage Costs of Climate Change Toward More Comprehensive Calculations*, in: Environmental and Resource Economics 5, 1995, S. 353-374

Tol, R. S. J.: *Socio-Economic Scenarios,* in: Feenstra J.F., I. Burton, J.B. Smith, R.S.J. Tol (eds.): *Handbook for Methods in Climate Change Impact Assessment and Adaption Strategies*, Version 2.0, Institute for Environmental Studies, Freie Universität Amsterdam, Oktober, 1998

Turner, R. K., W.N. Adger: *Coastal Zone Resources Assessment Guidelines*, LOICZ Reports and Studies No. 4, 1996

von Liebermann, N., S. Mai: *Küstenschutz an der Unterweser vor dem Hintergrund von Naturraum und Nutzung*, in: Bremer Beiträge zur Geographie und Raumplanung , 1999, H. 35, S. 109-127

Wehling, W.: *Regionalbericht Bremen 2000*, in: Monatsbericht Heft 1+2/2001, Institut für Wirtschaftsforschung (Hrsg.), Bremen

WBGU, Wissenschaftlicher Beirat der Bundesregierung Globale Umweltveränderungen: *Welt im Wandel: Wege zur Lösung globaler Umweltprobleme*, Jahresgutachten 1995, Berlin: Springer-Verlag, 1996

WBGU, Wissenschaftlicher Beirat der Bundesregierung Globale Umweltveränderungen: *Welt im Wandel: Strategien und Bewältigung globaler Umweltrisiken*, Jahresgutachten 1998, Berlin: Springer-Verlag, 1999

WBGU, Wissenschaftlicher Beirat der Bundesregierung Globale Umweltveränderungen: *Welt im Wandel: Neue Strukturen globaler Umweltpolitik*, Jahresgutachten 2000, Berlin: Springer-Verlag, 2001

Zimmermann, C., N. von Liebermann, S. Mai: *Küstenschutz in der Unterweserregion* - Endbericht, im Rahmen des Gesamtprojektes „Klimaänderung und Unterweserregion (KLIMU)“ des Bund-Länder-Programms „Klimaänderung und Küste“ des BMBF, Franzius-Institut, Universität Hannover, 2000 (unveröffentlicht)

Strukturwandel und Strukturpolitik

Herausgegeben von Wolfram Elsner

Band 1 Karsten Seidel: Maritime Netzwerke und europäische Industriepolitik. 2000.

Band 2 Dieter Bögenhold (Hrsg.): Kleine und mittlere Unternehmen im Strukturwandel – Arbeitsmarkt und Strukturpolitik. 2000.

Band 3 Thomas Knogge: Umweltschocks und langfristige regionale Wirtschaftsentwicklung. Eine integrative Analyse reginalökonomischer Folgen des globalen Klimawandels. Mit dem Fallbeispiel der nordwestdeutschen Küstenregion. 2002.

Tobias Hahn

Umweltrechtssicherheit für Unternehmen

Management produktbezogener umweltrechtlicher Informationen für die Produktentwicklung

Frankfurt/M., Berlin, Bern, Bruxelles, New York, Oxford, Wien, 2001.
220 S., 34 Abb., 8 Tab.
ISBN 3-631-38071-2 · br. DM € 35.30*

Die Gewährleistung von Umweltrechtssicherheit für Produkte stellt eine große und zunehmende Herausforderung für Unternehmen dar. Dennoch ist diese Problematik in der Managementliteratur bisher kaum behandelt worden. Dieses Buch schließt diese Lücke. Tobias Hahn hat ein umfassendes und praxistaugliches Konzept erarbeitet, wie Unternehmen Umweltrechtssicherheit managen können und dafür ein detailliertes Instrumentarium entwickelt. In Zusammenarbeit mit einem Unternehmen der Maschinenbaubranche entstand ein Rechtsinformationssystem, mit dem die Entscheidungsträger in der Produktentwicklung gezielt mit den relevanten Informationen zur Gewährleistung von Umweltrechtssicherheit versorgt werden können. Dieses Buch stellt das Konzept und seine theoretische Fundierung dar, zeigt Schritt für Schritt den Aufbau und den Ablauf des Rechtsinformationssystems auf, legt Zuständigkeiten fest und definiert alle dafür notwendigen Prozesse.

Aus dem Inhalt: Theoretische Grundlagen · Einsatz produktbezogener umweltrechtlicher Informationen in der Produktentwicklung · Ausgestaltung der Informationsinstrumente · Aufbau und Implementierung des Informationssystems · Schlußbetrachtung und Ausblick

Kolibri 360 GmbH
Ferdinand-Jühlke-Straße 7
99095 Erfurt, Deutschland
produktsicherheit@kolibri360.de

Druck:
CPI Druckdienstleistungen GmbH
im Auftrag der
Kolibri 360 GmbH
Ferdinand-Jühlke-Str. 7
99095 Erfurt